U0342290

实验室安全指导手册

主　编　赵　金
副主编　董　佳　姜福东　张　俊

北　京
冶金工业出版社
2021

内 容 提 要

本手册共 20 章，系统介绍了高校和科研院所实验室安全的方方面面，主要内容包括安全基础管理，实验室危险化学品使用安全，实验室气体使用安全，实验室特种设备及承压设备、机械设备安全，实验室用电安全、生物安全、放射性同位素与射线装置使用安全等，并介绍了实验室职业卫生管理、环境保护、消防安全及应急。此外，本手册特别详述了加氢反应、氧化反应、磺化反应、聚合反应等危险实验安全操作的注意事项以及安全风险和事故隐患的辨识等。

本手册可供高校和科研院所的师生、科研人员及管理人员参考。

图书在版编目 (CIP) 数据

实验室安全指导手册／赵金主编 . —北京：冶金工业出版社，2021.10

ISBN 978-7-5024-8715-7

Ⅰ. ①实… Ⅱ. ①赵… Ⅲ. ①实验室管理—安全管理—手册 Ⅳ. ①N33-62

中国版本图书馆 CIP 数据核字（2021）第 019291 号

出 版 人 苏长永
地　　址 北京市东城区嵩祝院北巷 39 号 邮编 100009 电话 (010)64027926
网　　址 www.cnmip.com.cn 电子信箱 yjcbs@cnmip.com.cn
责任编辑 王梦梦 美术编辑 吕欣童 版式设计 禹 蕊
责任校对 郑 娟 责任印制 禹 蕊
ISBN 978-7-5024-8715-7
冶金工业出版社出版发行；各地新华书店经销；三河市双峰印刷装订有限公司印刷
2021 年 10 月第 1 版，2021 年 10 月第 1 次印刷
710mm×1000mm 1/16；11 印张；212 千字；160 页
48.00 元
冶金工业出版社 投稿电话 (010)64027932 投稿信箱 tougao@cnmip.com.cn
冶金工业出版社营销中心 电话 (010)64044283 传真 (010)64027893
冶金工业出版社天猫旗舰店 yjgycbs.tmall.com
（本书如有印装质量问题，本社营销中心负责退换）

编 委 会

前　言

高校和科研院所实验室是从事科学研究、开展人才培养和社会服务的重要场所。高校和科研院所实验室通常使用和储备各种理化仪器、易燃易爆品、剧毒品、危险气体、同位素等物质，而且一些实验需要在高温高压、强磁、微波、放射线等高危条件下进行；同时，实验室还具有使用频繁、人员集中且流动性大、存放一些贵重仪器设备和重要技术资料等特点，实验室安全状况的复杂性和加强安全管理的重要性不言而喻。近年来，国家树立安全发展理念，弘扬生命至上、安全第一的思想，高校和科研院所实验室安全工作取得了积极成效，安全形势总体保持稳定。但是，安全事故仍然时有发生，暴露出实验室安全管理仍存在薄弱环节。

作为从事能源研究的科研院所，中国科学院大连化学物理研究所在实验室安全管理方面有丰富的实践积累，因此本书以安全生产理论知识为基础，结合研究所科研人员和安全管理人员的经验编写。本书与现行的相关安全生产法律、法规相协调，同时也注重对安全生产基础知识的普及，建立和强化安全生产意识，使从业人员了解危险识别控制技术及安生产管理的理论和方法，兼顾安全基础知识的通用性和系统性。全书共20章，较为全面地阐述了实验室安全基础管理、危险化学品使用安全等安全管理规范，介绍了加氢反应、氧化反应等危险实验安全操作的要求，分析了实验室可能发生的各类事故的原因及防护措施。本书可供实验室工作人员、学生和管理人员参考学习，以提高实验室安全整体管理水平、减少或杜绝事故发生，为实现安全生产提供保障。

　　希望本书能为高校和科研院所实验室安全工作提供指导和帮助，但由于各单位工作实际及实验室安全管理上存在差异，且编者水平和经验有限，书中不妥之处敬请广大读者批评指正。

编　者

2021 年 2 月

目　　录

1 安全基础管理

为认真贯彻我国"安全第一、预防为主、综合治理"的安全生产工作方针，高校和科研院所应强化和落实主体安全责任，健全完善严格的安全生产规章制度，强化工作人员安全培训和教育，及时排查、消除生产安全事故隐患，完善应急预案。高校和科研院所要增强风险意识、提高安全管理级别，以生产经营单位的标准做好各项安全管理工作，确保工作人员及国家财产安全，保障各项科研生产工作顺利进行。

1.1 安全生产责任落实

《国务院关于进一步加强企业安全生产工作的通知》（国发〔2010〕23号）明确要求落实企业主体责任，《安全生产法》则将其上升为法律规定，安全生产法第三条明确规定"强化和落实生产经营单位的主体责任"，并在其后的章节中对此有更为详细的规定。高校和科研院所要建立横向到边、纵向到底、责任到人的安全生产责任制，明确各岗位的责任人员、责任范围和考核标准等内容，高校和科研院所可采用签订《安全生产责任状》形式强化安全生产责任。

1.2 健全完善严格的安全生产规章制度

高校和科研院所要健全完善严格的安全生产规章制度，提高安全生产管理水平，确保安全生产。工作人员在工作过程中，则应当严格遵守本单位的安全生产规章制度。安全生产规章制度主要包括：

（1）安全生产会议制度；

（2）安全生产资金投入及安全生产费用提取、管理和使用制度；

（3）安全生产教育培训制度；

（4）安全生产检查制度和安全生产情况报告制度；

（5）建设项目安全设施、职业病防护设施，必须与主体工程同时设计、同时施工、同时投入生产和使用管理制度；

（6）安全生产考核和奖惩制度；

（7）岗位标准化操作制度；

（8）危险作业管理和职业卫生制度；

（9）生产安全事故隐患排查治理制度；

（10）重大危险源检测、监控、管理制度；

（11）劳动防护用品配备、管理和使用制度；

（12）安全设施、设备管理和检修、维护制度；

（13）特种作业人员管理制度；

（14）生产安全事故报告和调查处理制度；

（15）应急预案管理和演练制度；

（16）安全生产档案管理制度；

（17）其他保障安全生产的管理制度。

1.3　强化工作人员安全培训和教育

高校和科研院所的主要负责人和安全生产管理人员必须具备与本单位所从事的生产经营活动相应的安全生产知识和管理能力。危险物品的生产、经营、储存单位的主要负责人和安全生产管理人员，应当由主管的负有安全生产监督管理职责的部门对其安全生产知识和管理能力考核合格。

特种作业人员应当按照国家有关规定，接受与其所从事的特种作业相应的安全技术理论培训和实际操作培训，取得特种作业操作资格证书后，方可上岗作业。

高校和科研院所应当制定年度安全生产教育培训计划并对从业人员开展安全生产教育培训。

高校和科研院所的安全培训可按照生产经营单位从业人员上岗前厂、车间、班组三级安全培训教育模式实施。安全生产教育培训的内容和结果应当记入从业人员安全生产教育培训考核档案，并由从业人员和考核人员签名。未经安全生产教育培训合格的从业人员，不得上岗作业。

1.4　生产安全事故隐患排查及治理

高校和科研院所应当定期排查生产安全事故隐患。发现生产安全事故隐患应当立即采取措施消除；难以立即消除的，应当采取有效的安全防范和监控措施，制定隐患治理方案，落实整改措施、责任、资金、时限和预案，并依照国家和省有关规定对生产安全事故隐患进行评估、报告，实现有效治理。

1.5　构建完善的应急救援体系

高校和科研院所应当根据有关法律、法规和国家有关规定，结合本单位的危险源状况、危险性分析情况和可能发生的事故特点，制定相应的应急预案。应急预案应当与当地政府应急预案相衔接，并按照规定报县以上安全生产监督管理部门备案。应急预案应当按照有关规定及时修订。

高校和科研院所应当制定本单位应急预案演练计划，根据本单位的事故预防重点，每年至少组织一次综合应急预案演练或者专项应急预案演练，每半年至少组织一次现场处置方案演练。

1.6 实验室安全基础管理工作要求

大连化物所根据相关安全法律、法规，结合本所实际情况，制定了一套安全基础管理工作要求，具体见表1-1。

表1-1 安全基础管理工作要求

项目	管理要求
责任落实	1. 各研究组长是本组安全责任人，明确本人安全工作职责，与职能部门签订安全责任状。 2. 各研究组负责人应根据工作情况至少设置一名工作人员为本组安全员。安全员不在岗期间，落实其他人员履行安全员职责。 3. 各研究组应落实危险化学品、气瓶管理人员。 4. 各房间（实验室、库房、办公室等部位）应设置安全责任人。 5. 研究生导师负责所培养学生的安全管理。 6. 各研究组安全员应建立本组的安全工作档案
制度建设	制定、完善和落实本部门各岗位安全操作规程、实验室现场处置方案
安全培训	1. 各研究组负责人主动参加安全会议和专项安全培训，每年总课时不得少于4h。 2. 各级安全员主动参加安全会议和专项安全培训，每年总课时不得少于8h
安全教育	1. 各研究组安全员应不定期对工作人员进行安全教育，安全教育活动每年不小于4h。 2. 新入所各类人员必须接受所三级安全教育，未参加或考试不合格，不得从事与实验相关工作。第一级安全教育由人事处或研究生部负责组织、安全管理部门负责实施并组织考试，第二级安全教育由研究室（部）安全员落实，第三级安全教育由研究组安全员落实。 3. 各研究组对外来工作人员应进行安全教育，未教育者不得开展相关工作。 4. 放射及电工等特殊工种操作人员必须参加专业培训，持证上岗
安全检查	1. 各研究组负责人每月至少组织一次安全检查，记录完整。 2. 各安全员每周开展一次本部门安全检查，记录完整。 3. 对安全检查提出的问题应在规定期限内整改，并记录整改信息

2 实验室危险化学品使用安全

高校和科研院所的实验室是开展科研实验和教学的场所，多为有机合成、催化研究、分析检测等功能实验室，尽管使用大宗危化品的情况较少，但使用危化品品种较多，或作为化学反应原料直接参与反应，或作制备材料用，或作处理样品用。危险化学品多具有易燃易爆、有毒有害、腐蚀等危险特性，加之在开展探索性实验时实验条件经常变化，若人员操作失误、设备出现异常情况，极易发生火灾爆炸、中毒、灼烫等安全生产事故。本节将危化品的基本分类、储存使用、事故案例、应急处置和大连化物所对危化品使用安全的具体要求等内容进行综述。

2.1 危险化学品的定义和分类

2.1.1 危险化学品定义

绝大多数化学品对人体是无毒无害或是低毒的，但是有一些化学品会对人体造成严重伤害。《危险化学品安全管理条例》（2013 年修订）中规定，具有毒害、腐蚀、爆炸、燃烧、助燃等性质，对人体、设施、环境具有危害的剧毒化学品和其他化学品统称为危险化学品。

根据化学品危险特性的鉴别和分类标准，2015 年 2 月 27 日，安全监管总局等十部委制定了《危险化学品目录（2015 版）》，目录收录了 2828 种（类）危险化学品，除目录中列明的条目外，符合相应条件的，也属于危险化学品。目录中"备注"是对剧毒化学品的特别注明。

2.1.2 危险化学品分类

2010 年 5 月 1 日，《化学品分类和危险性公示通则》（GB 13690—2009）实施，《通则》将危险化学品分为 16 类，分别为爆炸物、易燃气体、易燃气溶胶、氧化性气体、压力下气体、易燃液体、易燃固体、自反应物质、自热物质、自燃液体、自燃固体、遇水放出易燃气体的物质、金属腐蚀物、氧化性液体、氧化性固体、有机过氧化物。

《危险货物分类和品名编号》（GB 6944—2012）中定义危险货物（也称危险物品或危险品）是具有爆炸、易燃、毒害、感染、腐蚀、放射性等危险特性，在运输、储存、生产、经营、使用的处置中，容易造成人身伤亡、财产损失或环境污染而需要特别防护的物质和物品，此标准将危险货物分为爆炸品等 9 类（见表 2-1 和图 2-1），这种分类方法在实践中应用更为广泛，更容易进行操作。

表 2-1 危险货物分类

类别	名称
第 1 类	爆炸品
第 2 类	气体
第 3 类	易燃液体
第 4 类	易燃固体、易于自燃的物质、遇水放出易燃气体的物质
第 5 类	氧化剂和有机过氧化物
第 6 类	毒害物质和感染性物品
第 7 类	放射性物质
第 8 类	腐蚀性物质
第 9 类	杂项危险物质和物品

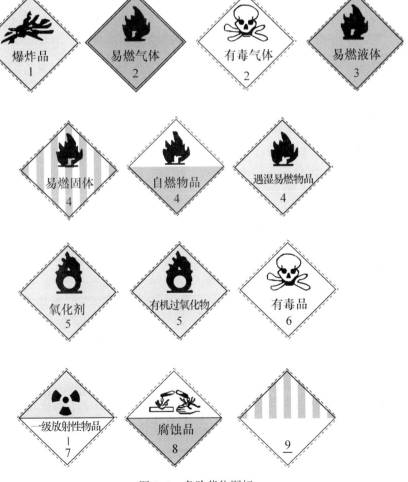

图 2-1 危险货物图标

2.1.3　剧毒、易制毒化学品、易制爆危险化学品

危险化学品中有些品种因为毒性危害性大，极易造成公共安全危害，被列入剧毒化学品目录管理；有些品种因为易流入非法渠道用于制毒和制造爆炸品，被列入易制毒化学品、易制爆危险化学品目录管理。近年来涉剧毒、易制毒化学品、易制爆危险化学品的案例也屡有发生，这也促使剧毒、易制毒化学品、易制爆危险化学品管控日趋严格，采购前需向安全管理部门提出申请，由安全管理部门负责在公安网上申报和备案，公安局批准后方可购买。

2.1.3.1　剧毒化学品

A　剧毒化学品的定义

具有剧烈急性毒性危害的化学品，包括人工合成的化学品及其混合物和天然毒素，还包括具有急性毒性易造成公共安全危害的化学品。

B　剧烈急性毒性判定界限

急性毒性类别 1，即满足下列条件之一：大鼠实验，经口 $LD_{50} \leqslant 5mg/kg$，经皮 $LD_{50} \leqslant 50mg/kg$，吸入（4h）$LC_{50} \leqslant 100mL/m^3$（气体）或 0.5mg/L（蒸气）或 0.05mg/L（尘、雾）。经皮 LD_{50} 的实验数据，也可使用兔实验数据。

C　剧毒化学品目录（2015）

根据国家安全监督总局等十部门公告（2015 年 5 号），原《危险化学品名录》（2002 版）、《剧毒化学品名录》（2002 版）废止，二合一归并到《危险化学品目录（2015 版）》中，剧毒化学品共计 148 种。

2.1.3.2　易制毒化学品

易制毒化学品的定义：易制毒化学品是指国家规定管制的可用于制造毒品的前体、原料和化学助剂等物质。

易制毒化学品目录：根据 2005 年 8 月 17 日国务院第 102 次常务会议通过、公布的《易制毒化学品管理条例》，易制毒化学品共 23 种，后陆续又增加了 9 种，现共有 3 类、32 种。

2.1.3.3　易制爆危险化学品

易制爆危险化学品的定义：易制爆危险化学品是指列入公安部确定、公布的易制爆危险化学品名录，可用于制造爆炸物品的化学品。

易制爆危险化学品目录：根据公安部编制的《易制爆危险化学品名录》（2017 年版），易制爆危险化学品共计 9 类、148 种。

2.2 危险化学品储存、使用安全

2.2.1 危险化学品储存安全

库房条件：

（1）库房的耐火等级、与其他建（构）筑物防火间距、泄压设施设置及安全疏散等应符合《建筑设计防火规范》要求。

（2）危险化学品库房要干燥、易于通风、密闭和避光，并符合防火、防爆、防潮、防冻、防盗等安全要求，楼宇内危险化学品临时周转库只能存放少量临时性的危险化学品。

（3）储存的危险化学品应有明显清晰的标签，标名与物品要相符，危险货物标签样张如图 2-2 所示。

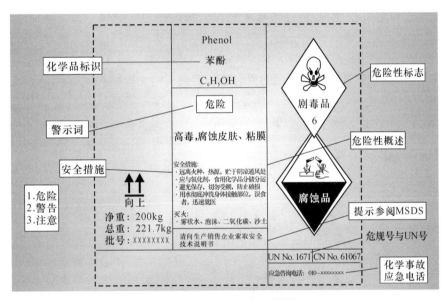

图 2-2 危险货物标签样张

（4）各类危险品不得与禁忌物混合储存，需根据危险化学品特性，分类、分区存放，易燃气体不得与助燃气体同库存放。

（5）剧毒化学品库房应安装防侵入报警器和监控系统，库门安装双锁。

安全、环境要求：

（1）使用部门应指定具有专业知识的专人管理危险化学品库房，实行建档管理，并全面负责危险化学品的安全。

（2）使用部门应根据危险化学品性质，在危险化学品库房内配备和完善气体检测报警、通风设施、喷淋设施、安全标识等安全设施，并为操作人员配备相应的个人安全防护用品。

（3）遇火、遇热、遇潮能引起燃烧、爆炸或发生化学反应，产生有毒气体的危险化学品不得在潮湿、积水的库房中储存，且产生有毒气体的危险化学品包装应采取避光措施。

（4）库房周围应无杂草和可燃物，库房地面应无洒漏化学品。

危险化学品出入库管理及养护：

（1）危险化学品入库时应检验其质量、数量、包装情况、有无泄漏，入库后定期检查并做好检查记录。发现其品质变化、包装破损、渗漏、稳定剂短缺等现象必须及时处理。

（2）入库危险化学品应有安全技术说明书和产品检验合格证，进口商品还应有中文安全技术说明书或其他资料。

（3）各类化学品不应直接落地存放，一般应垫高 15cm 以上。

（4）使用部门应对剧毒化学品的储存量和用途如实记录，如发现剧毒、易制毒化学品丢失、被盗或被抢的，应当立即向安全管理部门报告，情节严重的由安全管理部门向当地公安机关报案。

（5）装卸、搬运危险化学品时应轻装、轻放，防止摩擦和撞击。

（6）装卸对人身有毒害或腐蚀性物品时，操作人员要认真检查物品包装，并根据其危险条件，穿戴相应的防护用品。

2.2.2　危险化学品使用安全

2.2.2.1　购入管理

采购危险化学品时，不仅要考虑化学品的厂家、纯度、价格等信息，更要关注经营单位资质，化学品的安全、环保信息，并遵守相关法律、法规的要求。

（1）使用部门购买危险化学品应选择具有资质的危险化学品经营单位，并查验其危险化学品经营许可证（见图 2-3）、危险化学品生产企业安全生产许可证的许可范围。

（2）储存剧毒化学品、易制爆危险化学品、易制毒化学品，应当如实记录其储存的数量、流向，并采取必要的安全防范措施，防止剧毒化学品、易制爆危险化学品、易制毒化学品丢失或者被盗。

（3）采购剧毒化学品、易制爆危险化学品、易制毒化学品，使用部门需向安全管理部门提出申请，由安全管理部门负责在公安网上申报和备案，公安局批准后方可购买。

（4）使用部门应对危险化学品的安全标签等内外标志、容器、包装、质量（固体无潮解、液体无挥发渗漏、气瓶无漏气）等进行验收，并在危险化学品台账中进行记录。

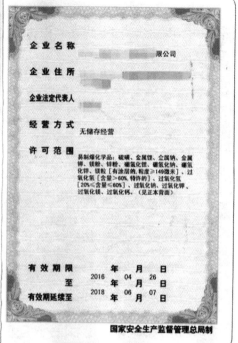

图 2-3 危险化学品经营许可证样张

2.2.2.2 存放和使用

危险化学品存放和使用时的注意事项：

（1）使用部门应指定专人负责危险化学品管理，实行建档管理，并全面负责危险化学品的安全。

（2）危险化学品台账要及时更新，避免重复购买造成库存超量，形成事故隐患及浪费。

（3）危险化学品周转库应符合防火、防爆、防潮、防冻等安全要求，使用部门应根据存放危险化学品的性质，配备和完善安全器材。

（4）根据存放危险化学品的性质，库房内应安装可燃、有毒气体检测报警装置。

（5）危险化学品存放过程中，相互混合可能引起燃烧、爆炸的，必须分类、分区隔离存放。楼内临时周转库房只能存放少量临时性的危险化学品。

（6）实验室内危险化学品的存放处与赤热表面、明火地点、散发火花地点应至少保持 5m 间距（明火指外露火焰，散发火花地点指进行砂轮等作业的地点）。

（7）实验室内易燃易爆或腐蚀性液体存放量，同一品种数量不超过 1.0L，活泼金属或易燃固体存放量，同一品种数量不超过 1.0kg；连续进行实验用量较大的使用部门，实验室内各类危险化学品不得超过一天的用量，并在明显处告知各品种的最大存放数量。

（8）易燃、易爆、易挥发性物品严禁存放在非防爆电冰箱内（应贴标识，见图 2-4）。实验室冰箱安全使用标识（见图 2-5）应清晰。

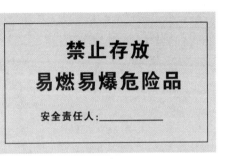

图 2-4 实验室冰箱禁止存放标识

图 2-5 实验室冰箱安全使用标识

（9）化学品使用完毕后应及时放归中转库、试剂柜、试剂架或专门用于储存化学品的通风柜，不得在装置、水槽、窗台、地面等处放置。

（10）液体化学品尽量存放在较低的位置，如试剂架下层、药品柜下层、无电气设施的通风柜下层、防爆冰箱下层等安全处，腐蚀性物质应在耐腐蚀的药品柜中存放，钾、钠等活泼金属的存放条件应符合其安全技术说明书要求。

（11）实验室内的易挥发危险化学品宜储存在 24h 持续通风的试剂柜或通风柜内，试剂柜应避免阳光直晒及靠近暖气等热源。

（12）盛装危险化学品的容器应有标签，标签名称与物品要相符。对需要采取特殊方法保存的危险化学品（如金属钠、黄磷等）以及盛装酸、碱、腐蚀性危险化学品的容器，要经常检查包装和密封是否完好，严防洒落。

（13）使用危险化学品的人员须认真查阅危险化学品的安全技术说明书，了解所用化学品的特性和安全防护知识，保证使用安全。

（14）使用剧毒、易制毒化学品、易制爆危险化学品，要建立《使用部门剧毒/易制毒/易制爆危险化学品管理台账》，由使用人和组安全员共同保管。

（15）剧毒化学品须存放在专用剧毒化学品库房，并建立双人保管、双人领取、双人使用、双人把锁、双本账的管理制度。剧毒品保存应符合安全条件，严禁将剧毒化学品转借、赠送、卖给其他单位或个人，严禁私自接收其他单位或个人的剧毒化学品。

（16）易制毒化学品、易制爆危险化学品要存放在符合双人双锁管理要求的专用储存柜内，存量超过 50kg 的存放场所防范要求应符合《易制爆危险化学品储存场所治安防范要求》相关要求。

（17）易制毒化学品、易制爆危险化学品使用完毕后应及时放归专柜、上锁保管，具体如图 2-6 所示。

图 2-6　易制毒化学品、易制爆危险化学品专柜

（18）使用剧毒化学品及职业性接触毒物危害程度分级为极度危害危险物质时，在做好个体防护同时，须设有明显的剧毒化学品警示标识，严禁无关人员进入实验室。同时提倡避免使用剧毒、高毒化学品，改用无毒、低毒原料替代。

（19）如发现剧毒、易制毒化学品、易制爆危险化学品丢失、被盗或被抢的，应当立即向安全管理部门报告，情节严重的由安全管理部门向当地公安机关报案。

（20）危险废物应规范收集、暂存，暂存的废液桶不得敞口（见图 2-7），应按规定时间送指定地点处理。

（21）破碎的化学品包装、玻璃器皿应采用标志清晰的容器存放。

（22）沾染有机溶剂的实验服要妥善处理，严禁直接放入洗衣机清洗。

2.2.2.3　中毒预防措施

中毒预防措施有：

（1）科研生产过程中尽量避免使用有毒物质，以无毒或低毒物质代替有毒或高毒物质是防止中毒的根本措施。

（2）科研生产中难以避免的毒物，应采取有效的通风、净化和个体防护措施。

1）实验开展前要对使用有毒化学品的设备、设施和管线、阀门进行检查、维修，防止发生跑冒滴漏。

图 2-7 危险废物收集桶

2）对毒物环境中的作业人员，应严格执行就餐、洗漱及污染衣物的洗涤管理，防止毒物经吸入、食入或经皮肤吸收途径侵入人体。

2.2.2.4 腐蚀预防措施

腐蚀预防措施有：

（1）酸缸、碱缸等盛装腐蚀品的容器应采用耐腐蚀材料制作，并采取防止容器倾倒、破裂措施，如在容器外设置围堰。

（2）使用腐蚀品时，应穿戴防护服、护目镜、橡胶手套等防护用具。

（3）实验室应配置小药箱等安全应急物品，并根据可能出现的伤害配备甘油-氧化镁糊（2∶1）用于氢氟酸灼烫处置、5%碳酸氢钠溶液用于酸灼烫处置，2%硼酸用于碱灼烫处置。

2.3 事故案例

对近年来发生在高校和科研院所的危化品事故案例进行分析发现，危险化学品在储存中发生的事故占比不高，事故发生多与电加热设备相关联，使用者务必引起重视。

2.3.1 实验废弃物垃圾桶内物品火灾事故

事故经过：2018 年某单位实验员在取出钯/二氧化铈催化剂的过程中，有少量催化剂颗粒洒在实验台面上，用酒精棉清理实验台面（催化剂颗粒粘在酒精棉上）后，将酒精棉丢弃到实验废弃物垃圾桶内；同时用酒精棉清洗装有催化剂的样品管，期间有酒精滴入垃圾桶内。

约20min后，实验废弃物垃圾桶内废弃物品发生燃烧，现场产生大量烟气，并引起房间烟感器报警。物业值班人员进入实验室发现垃圾桶内废弃物品着火，立即用灭火器将火扑灭。

事故原因：金属钯接触空气后发生氧化反应放热，接触酒精棉将其引燃，将垃圾桶内可燃物（少量酒精棉、实验后的卫生纸等）引燃。

2.3.2 实验室冰箱爆炸事故

事故经过：2006年某单位实验室发生冰箱爆炸，幸亏当时实验室内无人工作，因而没有造成人员伤亡，但实验室大量设备设施被损毁。

事故原因：据调查，该冰箱中共存放了多种不同的有机试剂，因有部分渗漏致使冰箱中积聚了易燃易爆气体，同时，正好遇上长假，长时间没有开冰箱门，使得易燃易爆气体的浓度升高，当冰箱温控启动时产生电火花而引起爆炸。

2.3.3 烘箱着火事故

事故经过：2017年某单位实验室一烘箱内发生明火，烘箱门被顶开，周边实验室工作人员发现后立即用附近灭火毯将明火扑灭。

事故原因：事故的直接原因是实验员在重复以往文献实验过程中改变实验温度条件（文献要求80℃），将微量多种物料混合后反应放入110℃烘箱内，当物料中水分等蒸发后形成可燃物，该可燃物在110℃高温环境中升华着火。

2.4 危险化学品火灾爆炸事故应急处理

危险化学品火灾爆炸事故应急处理措施有以下几方面。

（1）火灾发生初期是扑救最佳时机，首先组织现场人员及时将火扑灭。

（2）确定火灾或爆炸发生的位置、范围、物质类别，如可燃液体泄漏首先切断泄漏源。

（3）迅速疏散人员，设立隔离警戒区。

（4）切断事故区域内一切非灭火用电电源。

（5）如易燃气体发生火灾应采用干粉灭火器，易燃液体发生火灾可选用干粉、泡沫灭火器。

（6）采取防止易燃液体挥发的蒸气与空气形成爆炸性混合气体的措施，并采取控制点火源的措施。

（7）活泼金属为易燃固体，如果发生着火，禁止使用泡沫灭火器或水进行灭火；需使用干燥的沙土或活泼金属专用灭火器进行灭火。

（8）对燃烧体采取隔离的措施，对周边物体采取冷却等措施。

（9）扑救火灾时，根据风向，抢险人员应保持一定的安全距离和适宜的施救位置。

（10）防止撤离人员发生烟雾窒息中毒、烧伤等次生事故。

（11）清除流淌的易燃液体污染物和事故现场残留可燃物，消灭余火。

2.5　大连化物所危险化学品使用安全具体要求

大连化物所根据相关安全法律、法规，结合本所实际情况，制定了一套管理制度，对危险化学品的购入、储存、使用等环节进行规范，以保障危险化学品使用安全，具体见表2-2。

表2-2　危险化学品使用安全具体要求

项目	管理要求
购入管理	1. 研究组应选择具有资质的危险化学品经营单位、生产单位采购危险化学品，并查验供货单位危险化学品经营许可证、危险化学品安全生产许可证及许可经营范围，新增供应商在《科研物资管理系统》中申请备案，危险化学品经营许可证样张如图2-3所示。 　　2. 非剧毒、非易制毒和非易制爆危险化学品采购，各研究组在科研物资管理系统提交采购申请，完成审批流程后，危险化学品方可入所。喀斯玛商城购买的化学品自动推送到科研物资管理系统，商城之外购买的化学品在科研物资管理系统提交采购申请。 　　3. 来自合作单位、送检单位的危险化学品应纳入危险化学品台账管理。 　　4. 易制毒化学品、易制爆危险化学品采购，研究组需填写《易制毒化学品购买申请表》（见表2-3）和《易制爆危险化学品购买备案表》（见表2-4），由安全管理部门负责在公安网上申报和备案，公安局批准后方可购买。 　　5. 剧毒化学品的采购，需填写《剧毒化学品购买申请表》（见表2-5），由安全管理部门负责在公安网办理审批，审批通过后由供货商办理运输证明。剧毒化学品入所后，研究组要及时联系安全管理部门统一保管。 　　6. 研究组应对危险化学品的安全标签等内外标志、容器、包装、质量（固体无潮解、液体无挥发渗漏、气瓶无漏气）等进行验收，并在危险化学品台账中进行记录。台账样本见表2-6
危险化学品档案	1. 研究组应对所有危险化学品进行普查，实行建档管理。 　　2. 建立危险化学品台账，内容包括：研究组、申请人、供货单位、品名、化学品登记号（CAS号）、危险性类别、规格、数量、总数量、入组时间、存放部位、销账时间、验收情况等
化学品安全技术说明书和安全标签	1. 采购危险化学品时，应主动向销售单位索取"一书一签"，化学品安全技术说明书应妥善保管。安全技术说明书样张如图2-8所示，化学品安全标签样张如图2-9所示。 　　2. 进口商品宜有中文安全技术说明书或其他资料
危害告知	1. 研究组安全员对工作人员及相关方进行宣传、培训，使其了解本研究组、本岗位涉及危险化学品的危险特性、活性危害、禁配物等，以及应采取的预防及应急处理措施

项目	管理要求
危害告知	2. 使用剧毒化学品及职业性接触毒物危害程度分级为极度危害危险物质时，在做好个体防护同时，须设有明显的剧毒化学品警告标志，严禁无关人员进入实验室。剧毒化学品使用警告标志如图2-10所示
储存	1. 危险化学品库房（周转库）应符合防火、防爆、防潮、防冻等安全要求，研究组应根据存放危险化学品的性质，配备和完善应急器材。 2. 根据存放危险化学品的性质，在危险化学品库内配备和完善可燃、有毒气体检测报警、通风设备、喷淋设施、安全标志等安全设施。 3. 危险化学品存放过程中，相互混合可能引起燃烧、爆炸的，必须分类、分区隔离存放。楼内临时周转点只能存放少量临时性的危险化学品。危险化学品储存禁忌物配存见表2-7。 ①危险化学品库房要干燥、易于通风、避光，并符合防火、防爆、防潮、防冻、防盗等安全要求。 ②各类化学品不应直接落地存放，货垛下应有隔潮设施（应垫15cm以上）。 ③储存的危险化学品应有明显清晰的化学品安全标签，标名与物品要相符。 ④遇火、遇热、遇潮能引起燃烧、爆炸或发生化学反应，产生有毒气体的危险化学品不得在潮湿、积水的库房中储存。 ⑤受日光照射能产生有毒气体的危险化学品包装应采取避光措施。 ⑥储存中易发生分解或发生化学反应的化学品应妥善保管，如活泼金属、硝化纤维等。 ⑦库房周围应无杂草和可燃物，库房地面应无洒漏化学品。 ⑧剧毒化学品库房应安装防侵入报警器和监控系统，库门安装双锁。 4. 危险化学品入库时应当进行核查登记，并定期检查。 5. 装卸、搬运危险化学品时应轻装、轻放，防止摩擦和撞击。 6. 装卸对人身有毒害及腐蚀性物品时，操作人员要认真检查物品包装，并根据其危险特性，穿戴相应的防护用品。 7. 瓶装试剂转移时应使用专用提篮，防止撒漏。 8. 实验室内的易挥发危险化学品宜储存在24h持续通风的试剂柜或通风柜内，试剂柜应避免阳光直晒及靠近暖气等热源。 9. 发现危险化学品品质变化、包装破损、渗漏、稳定剂短缺等及时处理。 10. 剧毒化学品需存放在专用剧毒化学品库房，并建立双人保管、双人领取、双人使用、双人把锁、双本账的管理制度。严禁将剧毒化学品转借、赠送、卖给其他单位或个人，严禁私自接收其他单位或个人的剧毒化学品。 11. 易制毒化学品、易制爆危险化学品应放置在专柜中，上锁保管
使用	1. 研究组应指定专人负责危险化学品管理，实行建档管理，并全面负责危险化学品的安全。 2. 使用化学品的人员须认真查阅化学品的安全技术说明书，了解所用化学品的特性和安全防护知识，保证使用安全。安全技术说明书应便于使用人员取阅，装订后集中保管在本部门所在实验室或办公室。 3. 实验开展前应对实验中可能产生的风险进行辨识，对产品混合、反应、中间产物、最终产物及可能引起风险的使用量等信息进行解释。采取必要的安全措施，同时对实验过程进行严格监控。风险辨识要求详见《危险源和环境因素的辨识与风险评价制度》

项目	管理要求
使用	4. 实验室危险化学品的存放与赤热表面、明火地点、散发火花地点应至少保持5m间距。明火指外露火焰，散发火花地点指进行砂轮等作业的地点。 5. 易燃易爆或腐蚀性液体存放量，同一品种数量不超过1.0L，连续进行实验用量较大的研究组，实验室内不得超过一天的用量，并在明显处告知各品种的最大存放数量。 6. 易燃、易爆、易挥发性物品严禁存放在非防爆电冰箱内，实验室的冰箱安全使用标志清晰。 7. 实验室内化学品应相对集中存放于固定位置，使用完毕后应及时放归中转库、试剂柜、试剂架或专门用于储存化学品的通风柜，不得在装置、水槽、窗台、地面、耗材柜等处放置。 8. 对于置于实验台试剂架上的化学品，其存放高度不宜高于地面1.6m。液体化学品应置于固体样品下方存放，应尽可能的低，以减少容器破裂和泄漏的危险。 9. 盛装危险化学品的容器应有清晰的安全标签（含送检样品），标名与物品要相符。对需要采取特殊方法保存的危险化学品（如金属钠、黄磷等）以及盛装酸、碱、腐蚀性危险化学品的容器，要经常检查包装和密封是否完好，严防洒落。 10. 不得在实验室内接触、储存或进食个人的食品或饮料，在实验室内使用的冰箱、冷柜、电炉或微波炉等不得用于储藏、加工个人食品或饮料。专门用于食物储藏、加工的电器应贴有"食品可用"标志。食品可用标志如图2-11所示。 11. 应根据危险化学品性质在实验室配备和完善气体检测报警、通风设施、安全标志等安全设施。气体检测报警器选型及布置详见《石油化工可燃气体和有毒气体检测报警设计规范》。 12. 使用剧毒、易制毒化学品、易制爆危险化学品，要建立《剧毒/易制毒/易制爆危险化学品管理台账》，由使用人和组安全员共同保管。台账样本见表2-8。 13. 易制毒化学品、易制爆危险化学品使用完毕后应及时放归专柜、上锁保管。 14. 应对剧毒、易制毒化学品、易制爆危险化学品的储存量和用途如实记录，如发现丢失、被盗或被抢的，应当立即向安全管理部门报告。 15. 对人体有害气体、蒸汽、气味、烟雾、挥发物质等实验工作应在通风柜内或局部通风系统内进行，操作人员应按不同级别的防护要求选择适当的个体防护装备。 16. 危险废物应规范收集、暂存，按规定时间送指定地点处理。 17. 破碎的化学品包装、玻璃器皿应采用标志清晰的容器存放。 18. 实验室应配置小药箱等安全应急物品，并确保应急物品有效。 19. 沾染有机溶剂的实验服要妥善处理，严禁直接放入洗衣机清洗
常规实验操作注意事项	1. 蒸馏分为常压蒸馏和减压蒸馏，蒸馏温度应低于所蒸馏物质的燃点。常压蒸馏易燃易爆物质、不稳定物质时，需在惰性气体保护条件下进行。在减压蒸馏中，要保持玻璃器皿完好、无裂痕，防止系统因负压破损，空气进入，在高温条件下着火。 2. 过滤空气中易燃或闪点极低不稳定物质（如雷尼镍）时，应在无水、无氧或保持物质湿润条件下进行。 3. 粉末过筛时易因静电集聚放电导致粉尘爆炸，过筛时应注意静电防护

续表2-2

项目	管理要求
常规实验操作注意事项	4. 用萃取操作来提取易爆物质时，由于萃取相中的易爆物质浓度增加、加之机械震荡作用，易导致爆炸危险性增加，继而发生喷溅和玻璃器皿破裂。建议采用化学方法将易爆物质转化为危险性较低的衍生物，再进行分离、提纯。 5. 结晶操作中，要注意结晶容器密闭性，防止大量溶剂挥发，应在通风良好的场所进行。 6. 循环使用反应液可能造成过氧化物、易燃易爆副产品的富集，应注意危险物质浓度并更新反应液。 7. 反应过程需加热回流时，要控制反应温度，不得过高于溶剂及物料沸点，以免发生爆沸、燃烧。 8. 在合成不稳定物质的反应过程中，如果搅拌不均匀或搅拌系统不稳定，易导致物料分散不均匀，局部物料堆积，造成不稳定物质浓度增大，不得贸然进行强力搅拌，以免反应失控。 9. 柱层析分离中，要注意储液球与柱子连接紧密，防止洗脱液溅出伤人
中毒预防措施	1. 科研生产过程中尽量避免使用有毒物质，以无毒或低毒物质代替有毒或高毒物质是防止中毒的根本措施。 2. 科研生产中难以避免的毒物，应采取有效的通风、净化和个体防护。 ①实验开展前要对使用有毒化学品的设备、设施和管线、阀门进行检查、维修，防止发生跑冒滴漏。 ②对毒物环境中的作业人员，应严格执行就餐、洗漱及污染衣物的洗涤管理，防止毒物经吸入、食入或经皮肤吸收途径侵入人体
腐蚀预防措施	1. 酸缸、碱缸等盛装腐蚀品的容器应采用耐腐蚀材料制作，并采取防止容器倾倒、破裂措施，如在容器外设置围堰。 2. 使用腐蚀品时，应穿戴防护服、护目镜、橡胶手套等防护用具

表2-3 易制毒化学品购买申请表

出入库□　　月　　日（不用填写）

申请部门		申请日期	
申请人		移动电话	
保管人		移动电话	
易制毒化学品信息			
品种	数量/L	用途及简单反应流程	存放地点
销售单位信息			
	□	□ 其他（请在下方详细填写信息）	
其他销售单位	单位名称： 地址：	法定代表人： 联系电话：	

我部门保证将购用的易制毒化学品用于合法用途，在任何情况下不用于制造毒品，不挪作他用，不私自转让，并加强易制毒化学品管理，落实专人管理、专用库房和如实登记制度，自觉接受监督检查。如有违反上述承诺，致使易制毒化学品流入非法渠道，或造成其他不良影响或事故，我部门将承担相关责任和接受相应处罚。

　　特此承诺

　　　　研究组组长签字：

　　　　　　　　　　　　　　　　　　　　　　　　　　年　　月　　日

常用二、三类易制毒化学品名录：哌啶、乙醚、三氯甲烷、醋酸酐、苯乙酸、苯乙酸钾、苯乙酸钠、盐酸、硫酸、高锰酸钾、甲基乙基酮、丙酮、甲苯。

表2-4 易制爆危险化学品购买备案表

出入库□　　　月　　　日（不用填写）

申请部门		申请日期	
申请人		移动电话	
保管人		移动电话	

易制爆危险化学品信息

品种	数量/kg	用途及简单反应流程	存放地点

销售单位信息

□	□ 其他（请在下方详细填写信息）

销售单位名称：　　　　　　　　　　　　　运输证号码：

联系人及方式：　　　　　　　　　　　　　运输证有效期：

我部门保证将购用的易制爆危险化学品用于合法用途，在任何情况下不用于制造爆炸品，不挪作他用，不私自转让，并加强易制爆危险化学品管理，落实专人管理、专用库房和如实登记制度，自觉接受监督检查。如有违反上述承诺，致使易制爆危险化学品流入非法渠道，或造成其他不良影响或事故，我部门将承担相关责任和接受相应处罚。

　　特此承诺

　　　　研究组组长签字：

　　　　　　　　　　　　　　　　　　　　　　　　　　年　　月　　日

备注：

表 2-5 剧毒化学品购买申请表

申请部门		日期		联系电话	
申请人姓名		身份证号码			
保管人姓名		身份证号码			

购买剧毒品信息

品种	数量	用途	年需求量	存放地点

销售单位信息

名称	
地址	
法定代表人	联系电话

本研究组保证上述申购的剧毒化学品将用于科学实验，在任何情况下不挪作他用，不私自转让给其他单位或个人，并加强剧毒化学品的管理，接受监督检查。如有违反相关规定造成事故或其他不良影响，本研究组将承担相关责任。

特此承诺

研究组组长签字：

年　　月　　日

表 2-6 危险化学品台账

研究组：

序号	申请人	供货单位	品名	CAS 号	危险性类别	规格	数量	总数量	入组时间	验收记录	存放部位	销账时间
1												
2												
3												
4												
5												
⋮												

化学品安全技术说明书

修改日期:2016/07/01	SDS编号:2568
产品名称:乙醇[无水]	版本:V1.0.0.3

第一部分　化学品

化学品中文名:乙醇[无水]

化学品英文名: alcohol anhydrous/ethanol/ethyl alcohol

化学品别名:无水酒精

CAS No. : 64-17-5

EC No. : 200-578-6

分子式: C_2H_6O

产品推荐用途:请咨询生产商。

产品限制用途:请咨询生产商。

第二部分　危险性概述

|紧急情况概述

液体。高度易燃,其蒸气与空气混合,能形成爆炸性混合物。

|GHS危险性类别

根据GB 30000—2013化学品分类和标签规范系列标准(参阅第十六部分),该产品分类如下:易燃液体,类别2.

|标签要素

象形图

图 2-8　安全技术说明书样张

化学品名称

危险

极易燃液体和蒸气，食入致死,对
水生生物毒性非常大

请参阅化学品安全技术说明书

供应商:×××××××××××××××　　　电话:××××××

化学事故应急咨询电话:××××××

图 2-9　化学品安全标签样张

表 2-7　危险化学品储存禁忌物配存表

化学危险品的种类和名称		配存序号	1	2	3	4	5	6	7	8	9	10	11	12	13	14	15
爆炸品	点火器材	1	1														
	起爆器材	2	×	2													
	炸药及爆炸性药品（不同品名的不得在同一库内配存）	3	×	×	3												
	其他爆炸品	4	△	×	×	4											
氧化剂	有机氧化剂	5	×	×	×	×	5										
	亚硝酸盐、亚氯酸盐、次氯酸盐①	6	△	△	△	△	×	6									
	其他无机氧化剂②	7	△	△	×	△	×	×	7								
压缩气体和液化气体	剧毒（液氯和液氨不能在同一库内配存）	8	×	×	×	×	×	×	×	8							
	易燃	9	△	△	×	△	△	△	△	×	9						
	助燃（氧及氧空钢瓶不得与油脂在同一库内配存）	10	△	△	×	△	△	△	△	×	△	10					
	不燃	11											11				
自燃物品	一级	12	△	△	×	△	×	△	△	×	×	×	×	12			
	二级	13	×	×	×	×	×	×	×	×	×	×	×	×	13		
遇水燃烧物品（不得与含水液体货物在同一库内配存）		14	△	×	×	△	△	△	△	×	×	△		×	×	14	
易燃液体		15	△	×	×	△	×	△	△	×	×	×		×	△	×	15

注：1. 无配存符号表示可以配存；2. △表示可以配存，堆放时至少间隔2m；3. ×表示不可以配存；4. 有注释时按注释规定办理。

① 除硝酸盐（如硝酸钠、硝酸钾、硝酸铵）与硝酸、发烟硝酸可以配存外，其他情况均不得配存。

② 无机氧化剂不得与松软的粉状可燃物（如煤粉、焦粉、炭黑、糖、淀粉、锯末等）配存。

③ 饮食品、饲料、粮食、药品、药材、食用油脂及活动物不得与贴有毒品标志及有恶臭重味的物品污染食品的物品以及畜禽产品中的生皮生张和生毛皮（包括碎皮）、畜兽毛、骨、蹄、角等物品配存。

④ 饮食品、饲料、粮食、药品、药材、食用油脂与普通货物条件贮存的化工原料、化学试剂、非食用药剂、香精、香料应隔离1m以上。

续表 2-7

化学危险品的种类和名称			配存序号	1	2	3	4	5	6	7	8	9	10	11	12	13	14	15	16	17	18	19	20	21	22	23	24	25	26	27	28	29
化学危险品	易燃固体（H发孔剂不可与酸性腐蚀物品与有毒或易燃酯类危险货物配存）		16	△	×		△	△	△	△	△				×	△	△	△	16														
	毒害品	氧化物	17	△	△	△	×	△	×	△	×	△	×		△	△	△	△	×	17													
		其他毒害品 溴	18	△	△	△	×	×	△	×	△		△		△	△	△	△	×	×	18												
	腐蚀物品	酸性腐蚀物品 过氧化氢	19	△	△	×	×	×	×	△	△	△		△	△	△	△	△	△	×	△	19											
		硝酸、发烟硝酸、硫酸、发烟硫酸、氯磺酸	20	△	△	×	×	△	×	△	△	△	△	△	△	△	△	△	△	×	△	△	20										
			21	△	×	×	×	×	×	①	×	×	△	△	△	×	×	△	△	×	×	△	△	21									
		其他酸性腐蚀物品	22	△	×	×	△	△	×	△	△	△	△		△	△	△	△	△	×	×	△	△	△	22								
		碱性及	生石灰、漂白粉	23	△	△	△		△	△	△	△		×					△								23							
		其他腐蚀性物品	其他（无水肼、水合肼、氨水不得与氧化剂配存）	24	△													△			×			×				24						
普通物品	易燃物品		25	×	×	×	×	×			×	×					×	△	△	△	△	△	△	△	△	△	△	25					
	油脂	饮食品、粮食、饲料、药品、药材类、食用	26	×	×	×	×	×	×	×	×	×	×	×	×	×	×	×	×	×	×	×	×	×	×	×	×	×	26				
		非食用油脂	27	×	×	×	×	×									×			△	△	△	△	△	△	△	△	△	△	27			
	活动物③		28	×	×	×	△	△	△	△	×	△					△		△	×	×	×	×	×	×	×	×	×	×	×	28		
	其他③④		29	△	×	△	×	×	△	△	△	△					△			×	×	×	×	×	×	×	×	×	×	×	×	29	
	配存顺号			1	2	3	4	5	6	7	8	9	10	11	12	13	14	15	16	17	18	19	20	21	22	23	24	25	26	27	28	29

图 2-10 剧毒化学品使用警告标志

图 2-11 电器食品可用标志

表 2-8 剧毒/易制毒/易制爆危险化学品管理台账（　　组）

序号	名称	入实验室日期	入实验室量	保管人	使用人	领取量	使用日期	用途	库存	备注
1										
2										
3										
4										
5										

3 实验室气体使用安全

在科研生产工作中，各类气体有着广泛的应用。它们或作为化学反应原料直接参与反应，或作为精密分析仪器使用的载气，或作为实验辅助的热源、动力来源，或提供低温环境及特定的气体环境，而气体多具有易燃易爆、有毒有害、腐蚀、低温灼烫等危险特性，若在使用气体过程中气体泄漏、点火源失控、安全防护不到位，则可能发生爆炸、中毒窒息等安全生产事故。在此，将气体的基本分类、储存使用、管路敷设、事故案例、应急处置和大连化物所对气瓶使用安全的具体要求等内容综述如下。

3.1 气体分类

为了便于对气体进行管理和使用，我国现行法规对气体分类有着明确的规定，气体管理、使用人员要掌握气体分类的原则、方法，以便有针对性的掌握气体安全使用要点、落实事故防范措施。

（1）《化学品分类和危险性公示 通则》（GB 13690—2009）将气体分为易燃气体、氧化性气体、压力下气体 3 大类。

1）易燃气体是在 20℃和 101.3kPa 标准化压力下，与空气有易燃范围的气体。

2）氧化性气体是一般通过提供氧气，比空气更能导致或促使其他物质燃烧的任何气体。

3）压力下气体是指高压气体在压力不低于 200kPa（表压）下装入贮器的气体、液化气体或冷冻液化气体。压力下气体包括压缩气体、液化气体、溶解液体、冷冻液化气体。多数气体的危险性类别可以通过《危险化学品分类信息表》查询。

（2）《危险货物分类和品名编号》（GB 6944—2012）中定义气体指 20℃时在 101.3kPa 标准化压力下完全是气态的物质或在 50℃时，蒸气压力大于 300kPa 的物质，本类物质包括压缩气体、液化气体、溶解气体和冷冻液化气体、一种或多种气体与一种或多种其他类别物质的蒸气混合物、充有气体的物品和气雾剂。本类物质分为易燃气体、非易燃无毒气体、毒性气体 3 类。

1）易燃气体包括在 20℃和 101.3kPa 条件下满足下列条件之一的气体。

①爆炸下限小于或等于 13%的气体。

②不论其爆炸下限如何，其爆炸极限（燃烧范围）大于或等于 12%的气体。

2）非易燃无毒气体包括窒息性气体、氧化性气体以及不属于其他类别的气体，不包括在温度 20℃时的压力低于 200kPa、并且未经液化或冷冻液化的气体。

3）毒性气体包括满足下列条件之一的气体：

①其毒性或腐蚀性对人类健康造成危害的气体；

②急性半数致死浓度 LC_{50} 值不大于 5000mL/m³的毒性或腐蚀性气体。危险货物标志如图 3-1 所示。

图 3-1 危险货物标志

3.2 气体储存、使用安全

科研生产工作使用的气体主要由气体钢瓶提供，个别气体可由集中供气设施或气体发生器等提供，其中大部分是易燃易爆、有毒有害的气体，在使用过程中应特别注意。在此，将气体的储存、使用注意事项综述如下。

（1）钢瓶的搬运，不要拖动、滚动或滑动，即使在短距离内也不允许，以防瓶阀因碰撞等原因损坏、发生事故，钢瓶宜放在手推车上搬动，气瓶专用手推车如图 3-2 所示。气瓶使用安全具体要求见表 3-1。

图 3-2 气瓶专用手推车

（2）移动气瓶时，不要手持阀门手柄，以防阀门被打开，气流喷出伤人或损坏设备。高压气瓶要避免强烈振动，严禁敲打。

（3）室外气瓶的存放位置应设有防止阳光暴晒的安全设施，如气瓶间、气瓶柜等，存放空间内温度不得超过40℃，以防气瓶因暴晒发生物理爆炸，室外气瓶柜如图3-3所示。

图3-3 室外气瓶柜

（4）气瓶要远离热源，与马弗炉等高温设备距离至少不小于5m、与明火间距不小于10m。确实难以达到时，只有在采取可靠的防护措施后，方可缩短距离。但为确保用气安全，气瓶周围尽量不要出现明火。

（5）气瓶间内不建议设置照明灯具等电气设备，必须设置时应选用防爆型电气设备。

（6）用气部门不得在气瓶间周围堆放易燃物或其他杂物，以防易燃物或其他杂物的火灾威胁气瓶安全。气瓶间应保持良好的通风并安装危险性气体泄漏报警器，以防气体在气瓶间内聚集，危险性气体浓度增大。更换及使用气体必须由经过培训的人员操作。

（7）气瓶使用者在领用气瓶时必须对气瓶介质、气瓶颜色标志等情况进行确认，以防错误使用气体而发生事故。《气瓶颜色标志》（GB/T 7144—2016）对气瓶瓶体颜色有详细规定，常用气瓶瓶体颜色为：空气、氮气，黑色；氩气、氪气、一氧化碳、氟化氢，银灰色；乙炔、氟气，白色；氧气，淡蓝色；氢气，淡绿色；甲烷、天然气、乙烷、乙烯、丙烯，棕色；氯气，深绿色；氨气，淡黄色。

（8）使用中的气瓶、备用气瓶及待退库气体都要以气瓶架、固定绑带、链条等直立固定，以防气瓶歪倒、跌倒及损坏阀门，气瓶固定链条如图3-4所示。

图 3-4　气瓶固定链

（9）在储存氯气等毒性气体的场所，应常备吸收剂、中和剂（如氯气扑消器、吸收中和塔等）以及适合各种毒气的防毒面具、空气呼吸器等，防毒面具佩戴程序如图 3-5 所示。

1.从4个结点处放松头带。一只手把前额的头发向后按住，一只手拿住面具朝向自己的脸。

2.把面具戴到脸上，并把头带拉到脑后。

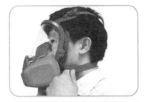

3.在下方两个结点处拉紧头带。

4.在上方两个结点处拉紧头带。

图 3-5　防毒面具佩戴程序

（10）使用前，应阅读、掌握气瓶标签上有关使用气体的数据资料和安全说明，以安全的使用气体，防止因气体组分等因素影响实验。气瓶的使用，特别是急用某种气体时，千万要谨慎、细心，防止发生误用（错认）气瓶，气瓶标签如图 3-6 所示。

（11）在连接气瓶与管线时，可先打开气瓶阀门（开 1/4 圈），对出口处进行

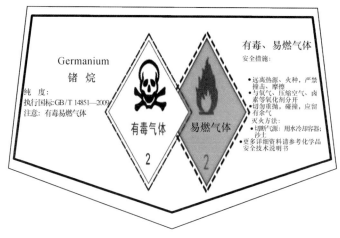

图 3-6 气瓶标签

"吹尘"，之后立即关闭阀门。然后装上专用的减压器，并将减压器上的阀门关闭，再打开气瓶总阀门，检查安装部位是否漏气。

（12）可燃气体用的瓶阀，出口螺纹是左旋，其他气体用的瓶阀，出口螺纹是右旋，在连接气瓶与管线时应注意不要损坏瓶阀出口螺纹，与瓶阀相连接的设备螺纹结构，必须与瓶阀出气口的结构相吻合。

（13）惰性气体的接头是光滑表面，氢气等易燃气体的接头上印刻有缺口，也可以作为气瓶与管线连接时的识别标识，气瓶接头识别标识如图 3-7 所示。

图 3-7 气瓶接头识别标识

（14）与气体直接接触的减压器、压力表和流量计等部件，要求专用，不允许同其他气体兼用，以防禁忌气体接触发生反应。

（15）开启高压气瓶时，操作者要站在气阀接管的侧面，以免高压气流喷出伤人，并要求用手或专用扳手缓慢开关阀门，以防产生摩擦热或静电火花。

（16）应认真检查阀门、配管、减压器、压力表等连接处有无漏气现象。

（17）安全阀（包括减压器附带安全阀）作为一种保护系统（反应釜、储罐、管线等）的安全设施，使用时要充分考虑其安全泄放，以防发生中毒和窒息等事故。介质为极度和高度危害或易燃易爆介质的容器，安全阀的排出口应引至安全地点，并进行妥善处理。

（18）不得私自改装气瓶或配制混合气，不得将气瓶做缓冲罐、增压罐使用，不得用任何方式对气瓶进行加热。需要使用高温气体时，应采用专用反应器。

（19）由于油脂与氧气等压缩氧化性气体接触后，能产生自燃，故氧气等氧化性气体钢瓶、瓶阀、减压器和操作者双手、手套、工具等严禁沾染油脂，操作者也不准穿用沾有油脂或油污的工作服和手套。

（20）用气过程中，如果气瓶阀门或设备系统等发生漏气，应迅速查找漏气原因，故障排除后，方可继续用气。

（21）气瓶内气体严禁用尽，必须留有规定的压力，永久气体气瓶的剩余压力应不小于 0.05MPa，液化气体气瓶应留有不少于 0.5%～1.0% 规定充装量的剩余气体，以防空气或其他气体进入瓶内发生爆炸或下一次充装时降低气体纯度，影响正常使用。空瓶要在钢瓶上写上"空"字的标记，不要把空瓶和已充气瓶混在一起。同时及时将空瓶或闲置不用的气瓶通知气瓶供应单位回收。

（22）用气工作结束，要及时关闭气瓶阀门，使压力表指针回到零，然后再关闭减压器的阀门。

（23）用气工作过程中，特别使用可燃性气体或有毒气体时，操作者要坚守工作岗位，不准远离，做到认真操作，细心观察，严格检查，以防器具和设备系统漏气，或用气过程中出现异常现象。

（24）检修或清洗设备时，应用氮气等惰性气体置换内部的残存气体，以防发生中毒和窒息危险。

（25）在使用氮气等窒息性气体、在用氮气等进行装置及设备试漏时，要做好通风换气和个体防护措施，以免发生中毒和窒息危险。

（26）各种气瓶必须进行定期技术检验，经"耐压试验"合格后，方能继续使用。气瓶在使用过程中，如发现有严重腐蚀、阀门失灵或其他严重损伤，应联系气瓶供应单位退瓶，由气瓶供应单位进行技术检验。各类气瓶的检验周期规定如下：

1）钢质无缝气瓶、钢质焊接气瓶、铝合金无缝气瓶的检验周期为：盛装氮、六氟化硫、惰性气体及纯度大于等于99.999%无腐蚀性高纯气体的气瓶，每5年检验一次；盛装对瓶体材料能产生腐蚀性作用的气体的气瓶、潜水气瓶以及常与海水接触的气瓶，每 2 年检验一次；盛装其他气体的气瓶，每 3 年检验 1 次。

2）盛装混合气体的前款气瓶，其检验周期应当按照混合气体中检验周期最短的气体确定。

3）溶解乙炔气瓶、呼吸器用复合气瓶每 3 年检验 1 次。

4）其他气瓶的检验周期详见《气瓶安全技术监察规程》（TSG R006—2014）。

（27）科研生产工作使用的气体组分较为复杂，委托供应单位配制混合气体前，应分析气体的性质、潜在危险，经审核后制定应急处理措施，并进行记录。

（28）配制混合气体前要与供应单位充分沟通，选择合适材质的气瓶，以防气瓶材质对气体产生吸附、氧化等影响。

（29）要充分考虑复杂组分情况下气体对钢瓶的腐蚀影响，正确选用适当材质的气体钢瓶，同时要适当缩短钢瓶的检验周期。

（30）使用可燃气体和毒性气体的房间应装有排气装置，保证通风良好，工作前最好做到先通风换气，将室内残留气体排净后，再开始工作，以防发生火灾、爆炸或中毒和窒息事故。

（31）使用可燃气体时，可燃气体主管线、气体放空管应设置阻火器，以防外部火焰蹿入可燃气体钢瓶或系统，主管线阻火器应设置在一级减压器之后。

（32）氢气单独存在时是比较稳定的。但在一定条件下，有发生爆炸的危险。要特别注意它的使用安全。

（33）凡使用氢气的设备，必须做到经常检查系统是否漏气。重点放在设备系统和净化系统的各个接点处的检漏，可用气体检测报警器、专用试漏液或肥皂液检漏。同样，其他可燃性气体也要进行检漏工作。

（34）用氢设备在通氢气之前，应先用惰性气体（如 N_2 等）将设备系统中的空气吹扫干净，且系统无漏气现象时，才能通氢气进行工作，以防发生爆炸。

（35）如果发现氢等可燃气体已泄漏在室内，根据泄漏情况，要采取紧急措施，禁止出现明火，并迅速地将漏氢排除出室外。经检查符合安全要求后，才能恢复工作。

（36）根据气体使用量，可采用氢气发生器取代氢气瓶，保证安全。

（37）进入或探入各类釜、罐、容器及坑、下水道或其他封闭、半封闭场所作业，由于空间内存在甲烷等易燃气体、硫化氢等有毒气体或氧含量过低，就容易发生火灾爆炸、中毒和窒息事故，作业前须办理受限空间作业审批，并采取清洗、置换、通风、监测等措施，防止发生火灾爆炸、中毒和窒息等事故。进入受限作业由作业组织部门审核后，报安全管理部门审批。受限空间作业审批表见表3-2。

（38）使用可燃气体的实验室或气瓶存放室应保持良好的通风，配备气体检测报警器，并且操作者能熟练地掌握检漏方法，指示报警设备宜安装在有人值守的监控室等区域。

（39）装置设计中应考虑设置与气体检测报警器连锁的切断装置，切断装置宜采用气动式。

（40）使用可燃气体的场所要充分考虑场所的工作通风和事故排风，排风频次、风机选型等应符合相关规范规定。

（41）实验中要关注反应可能产生的有毒、有害气体，将其加以吸收等处理后安全排放。如油品加氢过程中会产生大量的硫化氢，如果直接排放可能造成人员中毒和环境污染，可采用饱和碱溶液进行多级吸收，将排放的硫化氢浓度降低到最低。

（42）溶解乙炔气瓶瓶阀出口处必须配置专用的减压器和回火防止器。凡与乙炔接触的附件，严禁选用含铜量大于70%的铜合金，以及银、锌、镉及其合金材料，避免产生乙炔酮、引起爆炸，乙炔专用减压器如图3-8所示。

图3-8 乙炔专用减压器

（43）自增压液化气体储罐使用中，要根据储罐最高工作压力合理选择设备型号。在连接和断开设备时，可能会发生低温液化气体（如液氮）泄漏，为防范这些风险，在使用自增压液氮罐时应始终佩戴使用安全防护设备。除了防范低温灼烫伤害外，还要考虑窒息伤害，不要在没有空气供应的冷藏室或其他受控环境中存放。

（44）存放毒性气体钢瓶的场所和操作现场应保证良好的通风，毒性气体浓度应在允许浓度以下，并经常用仪器监测其浓度。

（45）在搭建装置时，要充分论证防静电设施、阻火器、罐体压力表、罐体安全阀、流量计等安全设施的设置，以防发生爆炸、中毒等事故。

3.3　气体管路敷设

仪器、设备的用气要求是把各种气体输送到不同的仪器、设备上。气体供应方式可分为气瓶供气与气体管路系统供气。

气瓶供气是将气瓶、液氮自增压罐等气源布置在用气仪器、设备附近，这种方式操作方便，投资少；但由于气瓶布置在室内，与实验人员安全距离很小，一旦发生事故将直接影响实验人员的安全。

气体管路供气系统由气源集合压力控制部分（高压软管或金属盘管、汇流排、减压器、阀门、过滤器、阻火器等）、气体管线部分、二次减压部分以及与仪器连接的终端部分（截止阀、接头等）组成。气体管路系统要求具有良好的气密性、高洁净度、耐用性和安全可靠性，能满足仪器、设备对各类气体不间断连续使用的要求，并且在使用过程中根据实验仪器、设备工作条件对整体或局部气体压力、流量进行全量程调整以满足不同的实验条件的要求。通过将气瓶布置在室外，通过管线向仪器、设备供气，可实现气源集中管理、可大大提高气体使用的本质安全水平、保障实验人员的安全，但由于供气管道较长、阀件较多，若材料、管件选择不当或施工质量不良，还是存在气体泄漏风险，供气系统配置如图 3-9 所示。

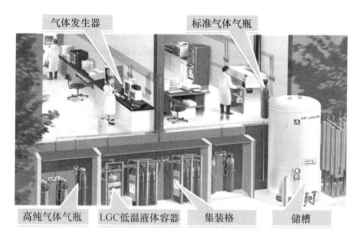

图 3-9　供气系统配置图

（1）气体管路敷设时应根据气体特性、使用温度等选用合适材料的管路、管件及反应器，具体可查阅相关技术手册。

（2）气体管道宜采用无缝不锈钢管，对于易燃易爆、有毒有害气体必须采用无缝不锈钢管，管道管件连接时，应采取自动氩弧焊机连接，气体管路敷设样板如图 3-10 所示。

图 3-10 气体管路敷设样板

（3）洁净度的选择。压缩空气可采用 AP 级不锈钢管、PPR 管、PU 管，高纯大宗气体及惰性气体应采用 BA 级不锈钢管，高纯易燃易爆、有毒有害气体应采用 EP 级不锈钢管。

（4）管道与设备的连接段宜采用金属管道，如为非金属软管，宜采用聚四氟乙烯管、聚氯乙烯管，不得采用乳胶管。

（5）阻火器等安全附件的选择。可燃气体主管线和气体放空管上应设置阻火器，主管线阻火器应设置在一级减压器之后，阻火器材质为黄铜及不锈钢。可燃气体及助燃性气体在主管路应安装单向阀，阻止气体回流，所有气体管线应安装颗粒过滤器，延长气体管道系统寿命及保证实验数据的真实。

（6）氢气、氧气以及引入实验室的各种气体管道支管宜明敷，可燃性气体管道不得与助燃性气体管道相邻，可燃性气体管道及助燃性气体管道应设置接地端子。

（7）气体管道的连接应采用焊接、卡套、法兰、螺纹连接等形式，与设备、阀门等连接时可采用法兰、卡套、螺纹连接，螺纹连接处应采用聚四氟乙烯薄膜作为填料。当使用卡套连接发生泄漏时，不允许使用聚四氟乙烯薄膜作为填料进行二次密封，应该使用新的卡套件或改为其他连接方式。

（8）气体管道不得和电缆导电线路同架敷设，氧气管道与其他气体管道同架敷设时，其间距不得小于 0.25m，氧气管道应处于其他气体管道之上（除氢气管道外）。

（9）使用气瓶必须安装专用减压阀。危险性气体长距离管线输送时，必须安装减压阀并实行双阀控制。停止用气时，必须关闭气瓶（源）总阀，气瓶减压阀如图 3-11 所示。

图 3-11　气瓶减压阀

（10）管道的弯管必须使用专用弯管器或成品弯头，不得使用其他工具进行弯管。

（11）管道的气体种类及走向应该明确标明，如果需要更换原有气体种类，必须使用惰性气体进行多次完全置换后，再通入新的气体同时改变管道标签。

（12）对于易燃、助燃、有毒有害气体，建议每半年或一年进行一次管道保压实验，以保证用气安全。

（13）在配套有集中供气系统的楼宇中，用气部门应优先考虑使用集中供气。

（14）用气部门相关人员应了解和掌握集中供气系统介质和管道情况，集中供气系统进入实验装置前必须安装减压装置。

（15）用气部门应严格遵守相关规定，不得随意维修和拆卸集中供气设施，如发现集中供气系统异常，应及时联系集中供气运营单位进行处理。

（16）使用集中供气系统提供的压缩空气前，用气部门应确认压缩空气的压力、含油量、含水量情况，必要时在用气设备前加设除油、除水装置。

3.4　事故案例

由气体使用不当引发的安全生产事故在科研实验中层出不穷，而且多造成了严重的人员伤亡和巨大的财产损失，这里选取的发生在高校的典型案例，以引起读者的注意。

事故经过：2009 年某大学研究生袁某某发现研究生于某昏厥，呼喊老师寻求帮助，袁某某本人随后也晕倒在地。经医院急救后，于某抢救无效死亡，袁某某于次日出院。

事故原因：经初步调查发现，另两名教师于事发当日做实验过程中，误将本应接入另一实验室的一氧化碳气体接至通向事发实验室气体管道。

3.5 气体泄漏应急处理

气瓶在搬运、储存和使用过程中，由于种种原因，可能导致气体的泄漏，特别是可燃性气体和毒性气体的泄漏，带有很大的危险性。如果不及时处理或处理方法不当，一旦遇到火种，就会引起火灾爆炸或导致中毒，造成严重的灾害。因此，一旦出现泄漏，为了把灾害减小到最低程度，应根据漏气的种类、性质及所处的周围环境等，进行快速的分析，并迅速采取合理的处理措施。经归纳，可参考以下几个方面：

（1）操作者或技术人员，对气体泄漏部位、泄漏状况、漏气种类，应做出迅速而正确的判断。如果漏气严重，应向主管负责人报告。

（2）要进入危险气体泄漏区，必须佩戴防毒面具、空气呼吸器等劳保护具。

（3）在危险性气体泄漏严重情况下，除组织有关人员分析及进行处理外，其他人员要迅速疏散，并对事故区域进行警戒。

（4）处理泄漏时，处理者应站在泄漏部位的上风处进行操作。

（5）如果泄漏部位是气瓶瓶阀出口，应站在上风处把阀门关闭。若阀门已关闭仍然漏气，将气瓶阀门的瓶帽戴好后，经主管负责人同意，迅速转移到安全地方，再进行处理。

（6）若气体泄漏发生在设备或配管系统，可以再紧固一下泄漏处的连接部件，或根据具体情况停止操作，采用氮气等惰性气体，将设备及配管系统内的气体彻底置换干净后，再进行进一步处理。

（7）出现大量气体泄漏时，为了把灾害降到最小限度，在进行适当的情况分析后，应采取以下处理措施：

1）迅速向有关部门报告。

2）迅速跑到上风位置，警告周围人不要靠近，或让人员快速疏散。

3）处理人佩戴好防护用具，按主管负责人的指示，采取机动灵活的方法进行处理。

4）如果是易燃易爆气体的泄漏，应先迅速地切断周围的火源或高温热源，并严禁出现明火，电火花。

5）在泄漏现场拉上警戒带或其他标志，禁止无关人员靠近现场。

6）估计其危害可能扩大时，应迅速与消防部门联系。

（8）如果实验室发生气体泄漏，对于非危险性气体（如 N_2、Ar 等）的泄漏，可在不影响工作情况下查漏排除故障；但对于危险性气体的泄漏，如果漏气量大，又不能在短时间内排除故障，不能拖延，应迅速关断阀门查找原因，并禁止室内出现明火，及时将泄漏气排除到室外。

（9）根据毒物和剧毒物管理法中的规定，毒物气体（HCl、NH_3等）和剧毒气体（Cl_2等），在溅出、漏出、流出、渗出或渗入地下，对人身和环境构成威胁时，应立即向公安、应急救援部门报告，同时也要积极采取必要的应急措施进行处理。

3.6 大连化物所气瓶使用安全具体要求

大连化物所根据相关安全法律、法规，结合本所实际情况，制定了一套管理制度，对气体的购入、气瓶存放、气路敷设、气体使用等环节进行规范，以保障气瓶使用安全，气瓶使用安全具体要求见表3-1。

表3-1 气瓶使用安全具体要求

项目	管理要求
购入管理	1. 气瓶与集中供气供应单位必须具有国家许可的经营资质，且提供符合国家安全标准的气瓶与供气设施。采购气体产品时，研究组应选择具有资质的气体生产、经营单位，并查验供货单位危险化学品安全生产许可证、危险化学品经营许可证及许可经营范围，委托供应单位配制混合气体前应查验其气瓶充装许可证。 2. 非剧毒气体采购应在科研物资管理系统进行，完成审批流程后，气体方可入所。 3. 剧毒气体的采购，需填写剧毒化学品购买申请表，由安全管理部门负责在公安网办理审批，审批通过后由供货商办理运输证明，方可购买。 4. 使用人员委托供应单位配制混合气体前，应分析气体的性质、潜在危险，经审核后制定应急处理措施，并进行记录（混合气体配制申请表见表3-2）。 5. 混合气体配制后，使用人员应向供应单位索取混合气体的组分、危险性类别、爆炸极限等参数资料。 6. 气瓶供应单位不得供应超期未检或超过报废期限的气瓶，瓶体应整洁、气瓶制造和定期检验标志、气瓶颜色标志应保持清晰。 7. 气瓶使用者在领用气瓶时必须对气瓶介质、气瓶检验周期、气瓶颜色标志等情况进行确认，标识气瓶使用部门、领用者等信息，并做好相关的安全检查。 8. 供应单位供应的气瓶，瓶阀、手轮、瓶帽、减震圈等附件应配置齐全、选材正确、完整有效，气瓶使用者在领用气瓶时应对气瓶附件配置情况进行确认，有缺失时应由供应单位配齐
气瓶布置、存放	1. 气瓶使用部门根据实验室周边的安全条件，确定气瓶存放的位置。设置符合安全条件的供气管线，定期检查供气设施的安全可靠性。 2. 室外气瓶的存放位置应设有防止阳光暴晒等的安全设施，并与避雷设施、设备吸风口和热源保持至少5m间距，与明火间距不小于10m。 3. 禁止将40L及以上易燃、易爆气体、氧化性气体和有毒气体钢瓶或贮罐放在室内或走廊通道，必须在室温下使用的、应在安全管理部门备案。 4. 不在线气瓶不得存放在实验室内或楼宇内其他非气瓶专用房间。 5. 气瓶必须放在气瓶柜或气瓶架中，固定可靠。在气瓶固定前，气瓶阀门的保护帽及减震圈应配备齐全。气瓶存放、使用中都应配有瓶阀手轮。

项目	管理要求
气瓶布置、存放	6. 气瓶使用时，应保持直立，并有防止倾斜的措施，操作气瓶阀门时气瓶嘴不得朝向操作者。空瓶与实瓶分开放置，并及时将空瓶或闲置不用的气瓶通知气瓶供应单位回收，特殊情况不能回收的应采用捆扎带就近固定、保持直立。 7. 氧化性气体气瓶不得沾有油污或油脂。相互起化学反应或相互接触能引起燃烧、爆炸的气瓶不得混放。各类气瓶与热源应保持至少 5m 间距，与明火间距不小于 10m。 8. 通风不良的窒息性气体气瓶存放间、使用窒息性气体的地下及半地下实验室应有每小时不小于三次换气的通风措施，进入前应充分通风换气。生物楼、科技园等气瓶间相对不易于自然通风，进入前应充分通风换气，同时要观察机械通风装置是否正常运行。 9. 气瓶存放地点应设立危险警告标志，例如当心爆炸、当心中毒等。 10. 搬运气瓶应由有经验的人员或得到正确指导的人员进行。搬运时应手搬气瓶、转动瓶底，不可拖拽、滚动
气路敷设、连接	1. 气体管线的布置要符合安全条件。布线应整齐规范，相互引起化学反应或相互接触能引起燃烧、爆炸的气体管路不得相邻敷设。 2. 建议气体由一级减压器减压后进入实验室，进入实验室后连接用气点或仪器前端要设有二级减压器和终端截止阀。减压器根据各个实验室使用气体压力为依据选定。 3. 气体管道不得和电缆导电线路同架敷设，氧气管道与其他气体管道同架敷设时，其间距不得小于 0.25m，氧气管道应处于其他气体管道之上（除氢气管道外）。 4. 各种气体管道应设置明显标志，所有的气体管道和输出口应清晰标识。可燃气体主管线、气体放空管应设置阻火器。 5. 管道选材中应考虑气体纯度要求及实验仪器精度要求，建议采用 316L、BA 级，或采用其他合金属抛光管（99.999 气体纯度），或 EP 级管线（99.9999 气体纯度）。 6. 一般情况下，输送可燃和氧化气体时应使用金属软管。但输送乙炔气体不能采用铜管。 7. 当无法使用固定金属管路时，方可采用非金属软管、不得采用乳胶管。软管的长度应设置为最短，发现软管有问题立即更换。聚四氟乙烯管、硅胶管、尼龙管、PU 管等软管应在压力小于 1MPa 压力范围、温度小于 100℃ 条件下根据不同介质适量使用，剧毒气体不可以采用上述软管输送。 8. 剧毒气体置换及尾气处理中应制定处理方案，包括吸收和个体防护，防止中毒。 9. 对于非可燃性气体，可用肥皂水来检测气体的泄漏。对于可燃性气体，则可用肥皂水或气体浓度检测仪来检查，若为有毒气体，应按照供应商规定程序进行检查
气体使用	1. 使用气体前，应识别其特性和危险性。 2. 不得使用大于 40℃ 任何热源对气瓶加热。气瓶的温度不应超过 45℃。 3. 瓶嘴冻结只能用温水（40℃ 以下）缓开，气瓶嘴漏气或出现故障应采取安全措施并及时报告气瓶供应单位进行处理，严禁私自拆卸修理。 4. 气瓶内气体严禁用尽，必须留有规定的压力，永久气体气瓶的剩余压力应不小于 0.05MPa（0.5kg），液化气体气瓶应留有不少于 0.5%～1.0% 规定充装量的剩余气体。 5. 气瓶必须专瓶专用，严禁私自改变气瓶内所充气体品种。 6. 不得私自改装气瓶或私自配制混合气。

项目	管理要求
气体使用	7. 不应对气瓶内的气体重新加压，不应将气体从一个气瓶倒入到另一个气瓶中。 8. 使用气瓶必须安装专用减压阀，以便气体在管道系统内传输的额定压力低于气瓶的额定压力。危险性气体由气瓶间至用气点采用管线长距离输送时，必须安装减压阀并实行双阀控制。停止用气时，必须关闭气瓶（源）总阀。 9. 可燃气体气瓶的气瓶输出阀和减压器使用左旋螺纹、非可燃气体气瓶的气瓶输出阀和减压器使用右旋螺纹。 10. 使用气体时，气瓶的输出阀和减压器的瓶阀手轮或扳手应安置在气瓶输出阀上，便于出现危险时快速关闭气阀。 11. 使用气瓶时应缓慢打开气瓶阀门。阀门过快打开调压器受到压缩变热可能会导致爆炸。 12. 使用易燃、易爆或有毒气体的实验室应安装可燃或有毒气体报警器，做好相关信息标识 13. 使用气瓶部门应根据使用空间场所的情况，控制气体使用量，根据用气情况设置必要的气体报警装置和通风设施等，并定期对其安全状态及性能进行检查。在地下室或半地下室等有限空间要严格控制各类气体的使用，必须做好检测报警等安全防范措施。 14. 保证报警器运行可靠性，建立报警器管理台账，及时更新检验记录。 15. 超过设计使用年限的气瓶不得擅自处理，应交由气瓶定期检验机构对报废气瓶进行破坏性处理。 16. 采购剧毒气体及职业性接触毒物危害程度分级为极度危害气体时应考虑残留气体的处理，并在购买时与供气单位签订处理协议
集中供气使用	1. 用气部门在使用或停用集中供气系统前，应向集中供气单位提出申请，经供气单位同意和现场确认，所安全管理部门核准后方可使用或停用。 2. 用气部门相关人员应了解和掌握集中供气系统介质和管道情况，集中供气系统进入实验室实验装置前必须安装减压装置。 3. 用气部门应严格遵守相关规定，不得随意维修和拆卸集中供气设施，如发现集中供气系统异常，应及时联系集中供气单位进行处理
其他	氯气等剧毒气体使用部门，应根据实际情况制定相关管理制度、操作规程和现场处置方案，并配备必要的应急救援设施

表 3-2 受限空间作业审批表

编号：[　　　] 第　　号

工作内容：		作业地点：	
申请单位（部门）：		申请人：	
作业单位：			
作业负责人：		安全监护人：	
作业人员：			
作业时间：　月　日　时　分至　月　日　时　分			

续表 3-2

序号	安全措施	主要内容	确认人签字
1	作业人员安全交底		
2	通风措施		
3	氧气浓度、有害气体检测		
4	个人防护用品使用		
5	照明措施		
6	应急器材配备		
7	现场监护		
8	其他补充措施		

作业安全条件及措施确认:

作业负责人:　　　　　　　　　　　　　　　　　　　　年　　月　　日

作业组织部门审核意见:

审核人:　　　　　　　　　　　　　　　　　　　　　　年　　月　　日

安全管理部门审批意见:

审批人:　　　　　　　　　　　　　　　　　　　　　　年　　月　　日

4 实验室特种设备及承压设备、机械设备安全

高校和科研院所在科研生产工作中经常会涉及各种承压设备和机械设备，其中承压设备包括实验室经常使用的反应釜、蒸汽发生器、灭菌器、压力管道等，机械设备包括经常使用的压片机、混料机、双（单）滚碾片机、液压机、滚球机、雕刻机、刮膜机、切片机、各类机床、起重机、电梯、叉车等。这些设备中的锅炉、压力容器（含气瓶）、压力管道、电梯、起重机械、场（厂）内专用机动车辆对人身和财产安全有较大危险性，在《特种设备安全法》中定义为特种设备，国家对特种设备的生产、经营、使用，实施分类的、全过程的安全监督管理。

本章将介绍承压设备、机械设备的基本分类，特种设备的定义，承压设备、机械设备的使用安全，事故案例和大连化物所对承压设备、机械设备使用安全的具体要求等内容。

4.1 承压设备、机械设备的基本分类及特种设备的定义

在科研生产工作中，工作人员极易忽视承压设备、机械设备的使用安全，为了便于对承压设备、机械设备和特种设备进行管理和使用，在此对实验室常见承压设备、机械设备分类进行介绍，并明确特种设备的定义、种类、类别等内容。

（1）承压设备是指承受各种压力的设备，比如气压、水压等，科研活动中涉及的承压设备分为储存设备、分离设备、反应设备、换热设备等，具体包括气体储罐（含气瓶）、反应釜、灭菌器、压力管道、换热器、有机热载体炉、蒸汽发生器等。

（2）机械设备是指一台（座、辆）、套或一组具有一定的机械结构、在一定动力驱动下能够完成一定的生产加工功能的装置。科研活动中涉及的机械设备包括压片机、双（单）滚碾片机、混料机、液压机、滚球机、球磨机、雕刻机、刮膜机、切片机、台转、砂轮机、压缩机、空压机、各类机床（车床等）、起重机、电梯、叉车等。

（3）《特种设备安全法》中规定，特种设备是指对人身和财产安全有较大危险性的锅炉、压力容器（含气瓶）、压力管道、电梯、起重机械、客运索道、大型游乐设施、场（厂）内专用机动车辆，质检总局 2014 年公布施行的《特种设

备目录》对特种设备的种类、类别进行了明确的规定。科研活动中涉及的特种设备包括但不限于气体储罐（含气瓶）、反应釜、灭菌器、换热器、有机热载体炉、蒸汽发生器、压力管道、起重机、电梯、叉车等，实际工作中可按照目录鉴别相关设备是否属于特种设备。

4.2 购入管理

购入管理方面的具体要求有：

（1）使用部门购买设备或实验装置前，应根据《特种设备目录》进行排查，发现设备或装置部件属于特种设备时，应与安全管理部门联系，以邮件方式将特种设备信息发送给安全管理部门特种设备管理安全人员，确定后续购买、注册登记、使用等事宜。

（2）使用部门购买特种设备或购买含特种设备的实验装置时，应将相关信息如实报资产管理部门，资产管理部门应将相应信息告知安全管理部门。

（3）特种设备出厂时，应当随附安全技术规范要求的设计文件、产品质量合格证明、安装及使用维护保养说明、监督检验证明等相关技术资料和文件，出厂资料资料应妥善保管，特种设备出厂资料样张如图4-1所示。

图4-1 特种设备出厂资料样张

（4）未列入国家监察范围内的承压设备，使用单位应选择有资质厂家生产的产品或严格按照国家颁布的相关的安全规定进行设计和加工。

（5）未列入国家监察范围内的机械设备，使用单位应选择有资质厂家生产的产品，并查验机械设备安全防护设施是否齐备。

4.3   登记注册管理

登记注册管理方面的要求有：

（1）已列入国家监察范围内的特种设备，使用单位必须严格执行国家颁布的相关规定。使用部门应委托安装单位办理安装监督检验，不需要安装监督检验的，由安装单位出具安装质量证明或由厂家出具设备无需安装的证明。

（2）使用部门在特种设备投入使用前或者投入使用后 30 日内提供相关材料，由安全管理部门向负责特种设备安全监督管理部门办理使用登记、取得使用登记证书，使用登记证书样张如图 4-2 所示。

图 4-2   使用登记证书样张

（3）停用、报废的特种设备，由安全管理部门向负责特种设备安全监督管理的部门办理停用、注销。办理报废前，使用部门负责设备本体的破坏处理，破坏处理中应充分考虑相应的安全措施。

（4）使用简单压力容器时不需要办理使用登记手续。正常使用达到推荐使用寿命时，该简单压力容器应当报废。如需继续使用，使用部门应备齐压力容器相关材料，由安全管理部门报特种设备检验机构按《压力容器定期检验规则》进行定期检验。

4.4 通用要求

通用要求：

（1）使用部门应建立部门特种设备台账，与安全管理部门共同做好特种设备的检验相关工作。

（2）特种设备使用部门应对特种设备的日常使用状况、维护保养情况和运行故障进行记录。

（3）在安装设备时，应将其安装在安全的位置或专用房间，固定牢靠，设备之间必须留有便于维修和保证安全的间距，同时设备的安全设施齐全有效，并做好相应的安全防护措施。

（4）特种设备使用者应当按照国家有关规定取得相应的特种作业人员资格证书，方可从事相关工作。

（5）特种设备使用者工作中应当严格执行安全技术规范和管理制度，保证特种设备安全。

（6）使用部门应对员工进行专项安全教育培训，特种设备操作人员持证上岗，作业中应正确使用劳动防护用品，包括对眼、耳、脸、手、足和呼吸系统的个体防护装备。

（7）使用承压设备和机械设备应按照操作说明进行操作、遵守安全注意事项。

（8）租用叉车、起重机等特种设备时，应查验其特种设备使用登记证及定期检验报告。

4.5 承压设备使用

承压设备使用时的注意事项：

（1）使用者在使用承压设备前应认真阅读设备安全使用说明书，对其相关部件及安全附件进行确认，落实相关安全操作规程，操作规程至少包括操作工艺参数（工作压力、最高工作温度或最低工作温度）、岗位操作方法（开、停车的操作程序和注意事项）、运行中可能出现的异常现象和防治措施以及紧急情况的处置。

（2）承压设备初次使用或停用3个月以上重新启用，使用部门应采取安全措施对设备进行耐压性和气密性检验，达到安全条件后方可使用。

（3）承压设备应在本体上标注设计压力、设计温度和容积。

（4）承压设备应在设计使用寿命内使用，设计使用寿命不明确的承压设备按照20年进行管理。

（5）压力容器使用部门应定期对压力表、安全阀等安全附件进行定期检定、校验，爆破片应在使用期限内使用。

（6）压力容器使用部门每月对所使用的压力容器进行月度检查，并记录检查情况。检查内容包括压力容器连接部位有无裂纹、变形、过热泄漏等缺陷，压力容器外表面有无腐蚀、脱漆，压力容器相邻管道与构件有无异常等。

（7）不得对气瓶进行改装。

（8）残留有有毒、有害介质的停用承压设备，应定期进行气密性检验，防止设备本体、阀件等部位发生泄漏。

（9）承压反应釜使用时，应检查热电偶是否有腐蚀或布置不当，应检查温控仪的程序设置，否则将导致控温失灵、超压爆炸等安全隐患。

（10）高压灭菌锅等快开门式压力容器的安全联锁装置应齐备有效，当快开门达到预定关闭部位方能升压运行，当内部压力完全释放方能打开快开门。

4.6 机械设备使用

机械设备使用时的注意事项有：

（1）应制定机械设备岗位安全操作规程，并粘贴在设备上或设备附近明显处。

（2）机械设备的传动带、转轴、传动链、联轴节、皮带轮、齿轮、飞轮、链轮、电锯等外露危险零部件及危险部位，都必须设置防护罩等安全防护装置。严禁在设备运转情况下，进行清理或维修作业。

（3）机械设备的安全防护装置应具有的功能包括：1）将操作人员的身体、手指、手臂和服装等与危险零件隔离开；2）防止部件、附件脱落或失效伤及操作人员，以砂轮片挡板为例，合适的挡板应有合适的形状和足够的强度来抵抗潜在的危险，砂轮机安全防护装置如图4-3所示。

图4-3 砂轮机安全防护装置

1—砂轮罩固定螺丝；2—砂轮外壳；3—中圈；4—开关；5—刀架；6—砂轮；7—防护镜

（4）冲片机等压力机械应设置光电保护装置或双手操纵装置。双手按钮式操纵装置应双手同步操作两个按钮时，才能使压力机的离合器接合，应能防止意外操作和不当使用，双手操纵装置如图4-4所示。

图4-4　双手操纵装置

（5）机械设备的模具、胎具须经常进行检查，已变形、疲劳或有损伤的不得继续使用。各类机械设备不得超负荷使用。

（6）散发或产生粉尘、飞屑、噪声、振动的设备必须采取有效的防范措施，如采用通风装置排出空气污染物。

（7）操作人员应经过机械设备的正确操作和维护等方面的培训，未经培训的人员不得擅自操作机械设备。

（8）操纵者工作时根据需要佩戴安全防护用具及其他的人员防护装置。

（9）机械设备易发生危险的部位应有"当心机械伤人"安全警示标志，具体如图4-5所示。

（10）手持电动工具的安全使用与管理：

1）手持电动工具在使用前，使用人员应认真阅读产品使用说明书和安全操作规程，详细了解工具的性能和掌握正确的使用方法。

2）使用前应检查手持电动工具外壳、手柄有无断裂和破损，接零（地）是否正确，导线和插头是否完好，开关工作是否正常灵活，电气保护装置

图4-5　"当心机械伤人"安全警示标志

和机械防护装置是否完好，工具转动部分是否灵活。

3）在一般作业场所，应尽可能使用Ⅱ类工具，使用Ⅰ类工具时必须采用其他安全技术保护措施，加装漏电保护器或安全隔离变压器。否则使用者必须戴绝缘手套、穿绝缘鞋或站在绝缘垫上作业。

4）在潮湿作业场所或金属构架等导电性能良好的作业场所，应使用Ⅱ类或Ⅲ类工具。如果使用Ⅰ工具，必须装设额定漏电动作电流不大于 30mA、动作时间不超过 0.1s 的漏电保护器。

5）在狭窄场所（如锅炉、金属容器、金属管道内等）应选用Ⅲ类工具。如果使用Ⅱ类工具，必须装设额定漏电电流不大于 15mA、动作时间不超过 0.1s 的漏电保护器。Ⅲ类工具的安全隔离变压器，Ⅱ类工具的漏电保护器，以及Ⅱ、Ⅲ类工具的控制箱和电源转接器等应放在外面，并设专人在外监护。

6）特殊环境、如湿热地点、室外（雨雪天），以及有危险性或腐蚀性气体的场所，使用的电工工具应符合相应防护等级的安全技术要求。

7）Ⅰ类工具的电源线必须采用三芯（单相工具）或四芯（三相工具）多股铜芯橡皮护套线，其中黄绿双色线在任何情况下都只能用作保护接地或接零线。

8）工具的电源线不得任意接长或拆换，当电源离工具操作点距离较远而电源线长度不够时，应采用耦合器进行连接。

9）工具的危险运动零部件的防护装置（如防护罩、盖）等，不得任意拆卸。

10）禁止在带负荷的情况下，拔插销或拉电源开关，应在停机后进行。

11）使用时发现有电气缺陷时，应立即找电工检修，否则不准使用，禁止非电气人员随意拆修。

12）使用时不许用手提着导线或工具的转动部分，使用过程中要防止导线被绞住、受潮、受热或碰损。

13）严禁将导线线芯直接插入插座或挂在开关上使用。

14）在易燃易爆场所，使用手持电动工具从事可能产生火花、高温的作业，必须严格执行动火作业安全管理要求。

15）手持电动工具如有绝缘破损，电源线护套破裂、保护接地线（PE）脱落、插头插座裂开或有损于安全的机械损害等故障时，应立即进行修理，在未修复前，不得继续使用。

16）手持电动工具经维修和试验合格后，应在适当部位粘贴"合格"标志，对不能修复或修复后仍达不到应有的安全技术要求的工具必须办理报废手续并采取隔离措施。

17）手持电动工具使用前应认真阅读设备的使用说明，特别注意角磨机不能安装木工锯片等带齿锯片，角磨机安装带齿锯片如图 4-6 所示。

图 4-6 角磨机安装带齿锯片

4.7 事故案例

在科研生产工作中，工作人员对危险化学品事故、气体安全事故都有较高的警惕性，却往往忽视了承压设备和机械设备的使用安全，这种情况下更容易发生爆炸事故和机械伤害事故。这里选取的几个发生在高校和科研院所的典型案例，以引起读者的注意。

4.7.1 压力容器爆炸事故

事故经过：2017 年某公司反应釜投加原料工作结束，升温后物料进入自然反应阶段。反应中反应釜第一台安全阀起跳，紧急降温后，起跳的安全阀回座。30min 后，反应釜第一台安全阀第二次起跳，2min 后第二台安全阀也接连起跳，4s 后发生爆炸。

事故原因：该反应釜搅拌桨不能持续进行搅拌，导致反应釜内物料局部反应较为激烈，速率难以控制，致使反应釜温度、压力的异常升高，最终导致反应釜发生爆炸。

4.7.2 机械伤害事故

事故经过：2017 年某单位一名工作人员在操作气动冲片机时将右手手指压伤。

事故原因：该工作人员在操作气动冲片机时，未严格按照操作规程进行操作，该冲片机也未设置光电保护装置或双手操纵装置。

4.8 大连化物所特种设备及承压设备、机械设备使用安全具体要求

大连化物所根据相关安全法律、法规，结合本所实际情况，制定了一套管理

制度，对特种设备及承压设备、机械设备使用等环节进行规范，以保障特种设备及承压设备、机械设备使用安全，具体要求见表 4-1。

表 4-1 大连化物所特种设备及承压设备、机械设备管理要求

项目	管理要求
购入管理	1. 使用部门购买设备或实验装置前，应根据《特种设备目录》进行排查，发现设备或装置部件属于特种设备时，应与安全管理部门联系，以邮件方式将特种设备信息发送给安全管理部门特种设备管理安全人员，确定后续购买、注册登记、使用等事宜。 2. 使用部门购买特种设备或购买含特种设备的实验装置时，应将相关信息如实报财务资产处，财务资产处将相应信息告知安全管理部门。 3. 特种设备出厂时，应当随附安全技术规范要求的设计文件、产品质量合格证明、安装及使用维护保养说明、监督检验证明等相关技术资料和文件。 4. 未列入国家监察范围内的承压设备，使用单位应选择有资质厂家生产的产品或严格按照国家颁布的相关的安全规定进行设计和加工。 5. 未列入国家监察范围内的机械设备，使用单位应选择有资质厂家生产的产品，并查验机械设备安全防护设施是否齐备
登记注册管理	1. 已列入国家监察范围内的特种设备，使用单位必须严格执行国家颁布的相关规定。使用部门应委托安装单位办理安装监督检验，不需要安装监督检验的，由安装单位出具安装质量证明或由厂家出具设备无需安装的证明。 2. 使用部门在特种设备投入使用前 30 日内提供相关材料，由安全管理部门向负责特种设备安全监督管理部门办理使用登记
通用要求	1. 使用部门应建立部门特种设备台账，与安全管理部门共同做好特种设备的检验相关工作。 2. 特种设备使用部门应对特种设备的日常使用状况、维护保养情况和运行故障进行记录。 3. 在安装设备时，应将其安装在安全的位置或专用房间，固定牢靠，设备之间必须留有便于维修和保证安全的间距，同时设备的安全设施齐全有效，并做好相应的安全防护措施。 4. 特种设备使用者应当按照国家有关规定取得相应资格，方可从事相关工作。工作中应当严格执行安全技术规范和管理制度，保证特种设备安全。 5. 使用部门应对员工进行专项安全教育培训，特种设备操作人员持证上岗，作业中应正确使用劳动防护用品，包括对眼、耳、脸、手、足和呼吸系统的个体防护装备。 6. 使用承压设备和机械设备应按照操作说明进行操作、遵守安全注意事项。 7. 租用叉车、起重机等特种设备时，应查验其特种设备使用登记证及定期检验报告
承压设备使用	1. 使用者在使用承压设备前应认真阅读设备安全使用说明书，对其相关部件及安全附件进行确认，落实相关安全操作规程，操作规程至少包括操作工艺参数（工作压力、最高工作温度或最低工作温度）、岗位操作方法（开、停车的操作程序和注意事项）、运行中可能出现的异常现象和防治措施以及紧急情况的处置。 2. 承压设备初次使用或停用 3 个月以上重新启用，使用部门应采取安全措施对设备进行耐压性和气密性检验，达到安全条件后方可使用。

项目	管理要求
承压设备 使用	3. 承压设备应在本体上标注设计压力、设计温度和容积，或在设备本体上标注与承压设备台账对应的编号。 4. 承压设备应在设计使用寿命内使用，设计使用寿命不明确的承压设备按照 20 年进行管理。 5. 压力容器使用部门应定期对压力表、安全阀等安全附件进行定期检定、校验，爆破片应在使用期限内使用。 6. 压力容器使用部门每月对所使用的压力容器进行月度检查，并记录检查情况。检查内容包括压力容器连接部位有无裂纹、变形、过热泄漏等缺陷，压力容器外表面有无腐蚀、脱漆，压力容器相邻管道与构件有无异常等。 7. 不得对气瓶进行改装。 8. 高压灭菌锅等快开门式压力容器的安全联锁装置应齐备有效，当快开门达到预定关闭部位、方能升压运行，当内部压力完全释放、方能打开快开门
机械设备 使用	1. 应制定机械设备岗位安全操作规程，并粘贴在设备上或设备附近明显处。 2. 机械设备的传动带、转轴、传动链、联轴节、皮带轮、齿轮、飞轮、链轮、电锯等外露危险零部件及危险部位，都必须设置防护罩等安全防护装置。严禁在设备运转情况下，进行清理或维修作业。 3. 机械设备的安全防护装置应具有的功能包括：①将操作人员的身体、手指、手臂和服装等与危险零件隔离开；②防止部件、附件脱落或失效伤及操作人员，以砂轮片挡板为例，合适的挡板应有合适的形状和足够的强度来抵抗潜在的危险。 4. 机械设备的模具、胎具须经常进行检查，已变形、疲劳或有损伤的不得继续使用。各类机械设备不得超负荷使用。 5. 散发或产生粉尘、飞屑、噪声、振动的设备必须采取有效的防范措施，如采用通风装置排出空气污染物。 6. 机械设备易发生危险的部位应有"当心机械伤人"安全警示标志
特种设备 注销、停用	停用、报废的特种设备，由安全管理部门向负责特种设备安全监督管理的部门办理停用、注销，使用部门负责设备本体的破坏处理

5 实验室用电安全

安全是一种间接的生产力，安全本身不创造价值，往往要注入很大的资金，但保证了人身的安全，保证了设备、仪器的运行，提高了生产率，减少了事故后的费用。由于电气系统存在于整个园区的实验设备、办公设备和生活设施之中，电气系统安全了，整个园区也就安全了。

5.1 安全电压和安全电流

安全电流指通过人体一般未产生有害的生理效应的电流值。安全电流又可以分为容许安全电流和持续安全电流。当人体触电，通过人体的电流值不大于摆脱电流的电流值称为容许安全电流，50~60Hz 交流规定 10mA 为容许安全电流，直流规定 50 mA 为容许安全电流；当人发生触电，通过人体的电流大于摆脱电流且与相应的持续通电时间相对应的电流值称为持续安全电流。

安全电压是指把可能加在人体上的电压限制在某一范围之内，使得在这种电压下，通过人体的电流不超过允许的范围，这一电压称为安全电压。但是安全电压并不是绝对没有危险的电压。

安全电压额定值：42V、36V、24V、12V、6V，具体见表 5-1。

表 5-1 安全电压限定值

安全电压（交流有效值）		选用举例
额定值/V	空载上限值/V	
42	50	在有触电危险的场所使用的手持式电动工具等
36	43	在矿井、多导电粉尘等场所使用的行灯等
24	29	可供某些人体可能偶然触及的带电体的设备选用
12	15	
6	6	存在高度触电危险的环境以及特别潮湿的场所

5.2 电气事故

5.2.1 电气事故的分类

电气事故分为电流伤害事故、电磁场伤害事故、电气设备伤害事故和静电事故。

（1）电流伤害事故，是指人体触及带电导体，电流通过人体而导致触电的伤亡事故。

（2）电磁场伤害事故，是指人在强电磁场的长期作用下，吸收辐射能量而受到不同程度的伤害。

（3）电气设备伤害事故，是指由于电路故障造成电气设备损害、燃烧的事故，而设备事故又往往是与人身事故联系在一起。

（4）静电事故，是指在生产过程中产生的有害静电酿成的事故。

5.2.2 电流对人体造成的伤害类型

电流对人体造成的伤害类型分为电击和电伤。

（1）电击，是指电流对人体内部组织造成的伤害，仅50mA的工频电流即可使人遭到致命电击，神经系统受到电流强烈刺激，引起呼吸中枢衰竭，呼吸麻痹，严重时心室纤维性颤动，以致引起昏迷死亡。

（2）电伤，也叫电灼，是指由电流的热效应、化学效应、光效应或机械效应对人体造成的伤害。电伤常常发生在人体的外部，往往在肌体上留下明显伤痕，有灼伤、电烙印和皮肤金属化等三种。

灼伤是弧光放电引起的，电烙印是人体与带电体紧密接触时，电流的化学效应和机械效应引起的，皮肤金属化是电流融化和蒸发的金属颗粒渗入表皮所造成的。

5.2.3 对人体作用电流的划分

按通过人体的电流大小而使人体呈现不同的状态，可将电流划分为三级：

（1）感知电流（成年男性为1.1mA，成年女性为0.7mA）是指在一定的概率下通过人体引起人有任何感觉的最小电流。

（2）摆脱电流（成年男性为16mA，成年女性为10.5mA）在一定概率下人触电后能自行摆脱带电体的最大电流。

（3）致命电流（30mA以上有生命危险，50mA以上可引起心室颤动；100mA足可致死）。

5.2.4 人体触电的方式

触电事故是电流作用于人体而产生的，随着电流强度增加，人体会有麻痹、针刺、颤抖、痉挛、打击、疼痛甚至呼吸困难、血压升高、心跳不规则、心室颤动、血液循环中止。当电流通过大脑的呼吸中枢时，会遏止呼吸以致窒息。当电流通过胸部时，会使胸肌收缩，导致呼吸停止。

按人体触及带电体的方式和电流通过人体途径分类，电击触电分为：

（1）单相触电。单相触电是指人体接触到地面或其他接地体的同时，人体另一部位触及带电体的某一相所引起的电击。据统计，单相触电事故占全部触电事故的70%以上。因此，防止单相触电事故是触电防护技术措施的重点，单相触电示意图如图5-1所示。

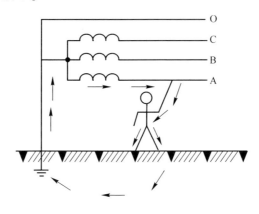

图5-1 单相触电示意图

（2）两相触电。两相触电是指人体的两个部位同时触及两相带电体所引起的电击。此情况下，人体承受的电压为三项电力系统中的电压，其电压值高于单相触电时的相电压，危险性较大，两相触电示意图如图5-2所示。

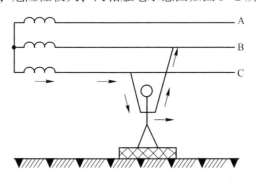

图5-2 两相触电示意图

（3）跨步电压触电。当高压架空线路的一根导线断落在地上时，落地点的电位就是导线的电位，接地电流就会从落地点流入地中，如果人体站立或行走在接地点附近，由人体两脚之间的电位差引起的电击为跨步电压触电。跨步电压触电示意图如图5-3所示。

（4）接触电压触电。当电气设备的接地保护装置不合理时，电动机绕组碰壳接地后，地面电位分布就会不同，如果人碰到电动机外壳就会有触电电流通过

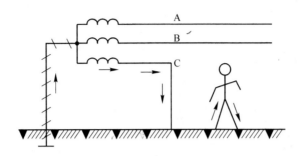

图 5-3 跨步电压触电示意图

人体，这种触电为接触电压触电。

5.2.5 触电事故的规律

研究总结规律，可以更有效地防止事故的产生，触电事故的规律有以下几方面。

（1）夏天多发。

1）天热多汗，体阻下降。

2）衣着少，暴露面大（动工要求穿电工服）。

3）电器用得多，概率大。

4）天热，潮湿，绝缘差。

（2）低压电器设备事故多（接触多，概率高）。

1）国际：1000V 以上为高压，1000V 以下为低压。

2）中国：250V 以上为高压，250V 以下为低压。

（3）手提式、移动式电器事故多发（手提式砂轮机、冲击钻等）。

（4）电气连接部件多发事故。

1）机械牢固性差，导致松动。如摇头电扇，洗衣机等。

2）电气接头氧化、腐蚀、脱落。

（5）化工（潮、酸、碱使体电阻下降）、机械（多振动，接头易松）、矿山（潮、机械松动）多发事故，建筑工地更多发事故（乱拉线、潮湿、衣着少、多汗水）。

（6）违章操作，事故多发。

1）无证上岗。

2）有证误操作。

3）管理不当。

4）制度不严。

5.3 触电急救

5.3.1 脱离电源的方法

脱离电源的方法有以下几点：

（1）脱离低压电源的方法：拉闸断电、切断电源线、用绝缘物品脱离电源。

（2）脱离高压电源的方法：拉闸停电、短路法。

（3）脱离跨步电压的方法：断开电源，穿绝缘靴或单脚着地跳到触电者身边，紧靠触电者头或脚把他拖成躺在等电位地面上，即可就地静养或进行抢救。

5.3.2 触电急救的原则

触电急救的原则：发现有人触电时，首先要尽快使触电人脱离电源，然后根据触电人的具体情况，采取相应的急救措施。

5.3.3 脱离电源的注意事项

脱离电源的注意事项：

（1）救护者一定要判明情况，做好自身防护。

（2）在触电人脱离电源的同时，要防止二次摔伤事故。

（3）如果是夜间抢救，要及时解决临时照明，以避免延误抢救时机。

5.3.4 急救

5.3.4.1 人工呼吸法

人工呼吸法有仰卧压胸法、俯卧压背法和口对口吹气法等。最简便的是口对口吹气法。其步骤如下：

（1）迅速解开触电者的衣服、裤子，松开上身的紧身衣等，使其胸部能自由扩张，不致妨碍呼吸。

（2）使触电者仰卧，不垫枕头，头先侧向一边，清除其口腔内的血块、假牙及其他异物，将舌头拉出，使气道通畅，如触电者牙关紧闭可用小木片、金属片等小心地从口角伸入牙缝撬开牙齿，清除口腔内异物。然后将其头扳正，使之尽量后仰，鼻孔朝天，使气道通畅。

（3）救护人位于触电者头部的左侧或右侧，用一只手捏紧鼻孔，不使漏气，用另一只手将下颌拉向前下方，使嘴巴张开，嘴上可盖一层纱布，准备接受吹气。

（4）救护人做深呼吸后，紧贴触电者嘴巴，向他大口吹气，如图5-4所示，如果掰不开嘴巴，也可捏紧嘴巴，紧贴鼻孔吹气，吹气时要使胸部膨胀。

（5）救护人吹气完毕后换气时，应立即离开触电者的嘴巴，并放松紧捏的鼻，让其自由排气。

按上述要求对触电者反复地吹气、换气，每分钟约 12 次。对幼小儿童施行此法时，鼻子不必捏紧，可任其自由漏气，人工呼吸操作示意图如图 5-4 所示。

图 5-4　人工呼吸操作示意图

5.3.4.2　胸外按压心脏的人工循环法

按压心脏的人工循环法有胸外按压和开胸直接挤压心脏两种方法。后者由医生进行，这里介绍胸外按压心脏的人工循环法的操作步骤：

（1）同上述人工呼吸的要求一样，迅速解开触电者的衣服、裤子，松开上身的紧身衣等，使其胸部能自由扩张，气道通畅。

（2）触电者仰卧，不垫枕头，头先侧向一边，清除其口腔内的血块、假牙及其他异物，将舌头拉出，使气道通畅，后背着地处的地面必须平整。

（3）救护人位于触电者一侧，最好是跨腰跪在触电者的腰部，两手相叠，手掌根部放在心窝稍高一点的地方，如图 5-5 所示。

（4）救护人找到触电者正确的压点后，自上而下、垂直均衡地用力向下按压，压出心脏里的血液，对儿童用力应小一点。

（5）按压后，掌根迅速放开，使触电者胸部自动复原，心脏扩张，血液又回到心脏里来。

按上述要求对触电者的心脏进行反复地按压和放松，每分钟约 60 次；按压时定位要准，用力要适当。

在进行人工呼吸时，救护人应密切关注触电者的反应。只要发现触电者有苏醒迹象，应中止操作规程几秒钟，让触电者自行呼吸和心跳，胸外按压心脏的人工循环法操作示意图如图 5-5 所示。

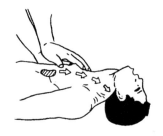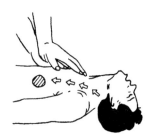

图 5-5　胸外按压心脏示意图

5.4　触电安全防护

5.4.1　直接接触电击防护

　　绝缘、屏护、电气间隙、安全距离、漏电保护等都是防止直接接触电击的防护措施。

　　（1）绝缘。绝缘就是用绝缘物把带电体隔离起来。绝缘材料：玻璃、云母、木材、塑料、橡胶等。

　　（2）屏护（即遮拦和阻挡）。

　　1）作用：防止触电事故，防止电弧飞溅，防止电弧短路。

　　2）分类：①永久性屏护装置；②临时性屏护装置；③移动性屏护装置。

　　（3）间距。安全距离的大小取决于：电压的高低、设备类型、安装方式。装置的布置应考虑设备搬运、检修、操作和试验方便。在维护检修中人体及所带工具与带电体必须保持足够的安全距离。低压工作中，人体或其所带的工具与带电体之间的距离不应小于0.1m。

5.4.2　间接接触电击防护

　　保护接地和保护接零是防止间接接触电击最基本的措施。

　　保护接地变压器中性点（或一相）不直接接地的电网内，一切电气设备正常情况下不带电的金属外壳以及和它连接的金属部分与大地作可靠电气连接。控制接地保护电阻很小，就可以把漏电设备的对地电压控制在安全范围之内，就是给人体并联一个小电阻，以保证发生故障时，减小通过人体的电流和承受的电压。

　　保护接零就是在1kV以下变压器中性点直接接地的系统中一切电气设备正常情况下不带电的金属部分与电网零干线可靠连接。在变压器中性点接地的低压配电系统中，当某一相出现事故碰壳时，形成相线和零线的单相短路，短路电流能迅速使保护装置动作，切断电源，从而把事故点与电源断开，防止触电危险。

5.5 电气防爆防火技术

防爆电气设备分类：（1）隔爆型电气设备；（2）增安型电气设备；（3）本质安全型电气设备；（4）正压型电气设备；（5）无火花型电气设备。

防爆设备选型参见表5-2和表5-3。

表5-2 气体爆炸为现场所用电气设备防爆类型选型

电气设备类型	爆炸危险环境区别											
	0区	1区					2区					
	本质安全型	本质安全型	隔爆型	正压型	充油型	增安型	本质安全型	隔爆型	正压型	充油型	增安型	无火花型
笼型感应电动机			○	○		△		○	○		○	○
直流电动机			△	△				○	○		○	
变压器（包括启动用）			△	△	×			○	○		○	
开关、断路器			○					○	○			
熔断器			△									
控制开关及按钮	○	○	○		○		○	○		○		
操作箱、柜			○	○				○	○			
配电盘			△					○				
固定式灯			○			×		○			○	
携带式电池灯												
指示灯类			○			×		○			○	
镇流器			○					○			△	
信号、报警装置	○	○	○	○		×	○	○	○		○	
插接装置			○					○				
电气测量表计			○			×		○				

注：○为适用；△为慎用；×为不适用。

表 5-3　旋转电动机防爆结构的选型

设备类型	1区			2区			
	隔爆型 d	正压型 p	增安型 e	隔爆型 d	正压型 p	增安型 e	无火花型 n
笼型感应电动机	○	○	△	○	○	○	○
绕线型感应电动机	△	△		○	○	○	×
同步电动机	○	○	×	○	○	○	
直流电动机	△	△		○	○	○	
电磁滑差离合器	○	△	×	○	○	○	△

注：○为适用；△为慎用；×为不适用。

电气防火防爆措施：

（1）采取封闭式作业，防止爆炸性混合物泄漏。

（2）清理现场积灰，防止爆炸性混合物集聚。

（3）设计正压室，防止爆炸性混合物侵入。

（4）采取敞开式作业或通风措施，稀释爆炸性混合物。

（5）在危险空间填充惰性气体或不活泼气体，防止形成爆炸性混合物。

（6）安装报警装置，当混合物中危险物品浓度达到其爆炸下限的10%时报警。

（7）隔离和间距。隔离时是将电气装置分室安装，并在墙上采取封堵措施，以防爆炸性混合物进入。

（8）消除引燃源。

电气灭火：

（1）电气设备或电气线路发生火灾，如果没有及时切断电源，扑救人员或所持器械可能接触带电部分而造成触电事故。使用导电的灭火剂，如水枪射出的直流水柱、泡沫灭火器射出的泡沫等射至带电部分，也可能造成触电事故。火灾发生后，电气设备可能因绝缘损坏而碰壳短路；电气线路可能因电线断落而接地短路，使正常时不带电的金属架构、地面等部位带电，也可能导致接触电压或跨步电压。因此，发现起火后，首先要设法切断电源。切断电源应注意以下几点：1）火灾发生后，由于受潮和烟熏，开关设备绝缘能力降低，因此拉闸时最好用绝缘工具操作；2）高压应先操作断路器而不应该先操作隔离开关切断电源，低压应先操作电磁启动器而不应先操作刀开关切断电源，以免引起弧光短路；3）切断电源的地点要选择适当，防止切断电源后影响灭火工作。

（2）应按现场特点选择适当的灭火器。二氧化碳灭火器、干粉灭火器的灭火剂都是不导电的，可用于带电灭火。泡沫灭火器的灭火剂（水溶液）不宜用于带电灭火（因其有一定的导电性，而且对电气设备的绝缘有影响）。用水枪灭火时宜采用喷雾水枪，这种水枪流过水柱的泄漏电流小，带电灭火比较安全。采用将水枪喷嘴接地，也可以让灭火人员戴绝缘手套、穿绝缘靴或者穿均压服操作。人体与带电体之间保持必要的安全距离。用水灭火时，水枪喷嘴至电压为10kV 及其以下带电体的距离不应小于 3m。充油电气设备外部起火，可用二氧化碳、干粉灭火器带电灭火。

5.6 静电的产生和防护

5.6.1 静电的产生

静电产生：两个物体相对运动或摩擦时，产生的"电"称为静电。积累的电荷如果不很快泄漏，将越积越多，最后将对附近物体形成火花。如喷漆、除尘、织线、复印、造纸、胶片等生产中所产生的电荷（静电数值大小与物质性质、运动速度、接触压力、环境条件（干与湿）密切相关）。

静电的产生具体分为：接触-分离起电、破断起电、感应起电、电荷迁移。

5.6.2 静电的危害

静电的危害有：

（1）爆炸和火灾。可燃性液体、气体的输送与储存中，一旦出现高的静电，将引起爆炸，并导致火灾；面粉、煤粉及空气混合物一旦有静电产生，也会导致爆炸和火灾。

（2）电击：静电本身能量不大，不会导致电击身亡，但是人被电击后，坠落摔倒是可能的。电击后，精神紧张，操作失灵，有可能产生别的事故。

（3）影响产品质量：静电有吸附作用，粉尘一类物质吸附后，影响过滤和输送。在纺织行业，静电使纤维缠结，吸附尘土。在印刷业中，静电会使纸张不能分开，影响生产速度。胶片生产中，静电使胶片感光（摩擦丝），严重影响胶片的质量。静电有时会引起电子电路误动作。

5.6.3 预防静电危害的措施

预防静电危害的措施：

（1）接地使其消除。

1）导电体上的静电通过接地，使其消除。

2）绝缘体上的静电通过采用增湿措施或用抗静电剂使其自行消除。

3）输油管、输气管、传送带，物体相对运动所产生的静电，通过接地泄放，间距为 100m。

（2）静电中和法。已知带电体的带电电荷性质（正极性或负极性），用另外一个带异性电的物体与其靠近，中和掉已知带电体所带电荷。

（3）在易燃环境中，禁穿化纤织物。工作在爆炸粉尘混合物、氢气、乙炔气工作环境时，应穿导电纤维做的静电工作服、工作鞋。即使装卸燃料油，也要控制流速，选用导电工具等。

5.7 电气火灾

5.7.1 第一类电气火灾事故

事故理论分析：根据物理定律

$$Q(热) = 0.24I^2RT \tag{5-1}$$

式中，I 为通过的电流，且为平方关系；T 为通电时间；R 为电阻（导线电阻为 R_0，绕组内阻为 r，接触电阻为 R_j，R_j 包括开关接触电阻 R_{j1}、熔断器接触电阻 R_{j2} 和线接头接触电阻 R_{j3}，如图 5-6 所示。

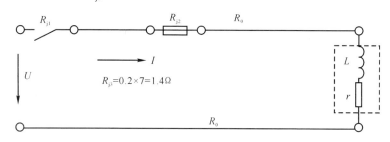

图 5-6　第一类电气火灾事故电路图

从安全角度而言：

$$Q(热) = (0.24I^2RT)K \tag{5-2}$$

式中，K 为环境系数，通风好时，$K=1$，通风差时，$K>1$。

以上 4 个参数是分析第一类事故的依据。

(1) I、R、T、K 都正常时，Q 正常，不发生危险。

(2) I、R、T、K 4 个参数中任一个参数变大时，Q 都会增加，导致导线发热，绝缘层破坏着火。

这类火灾事故发生的情况：

(1) 不用保险丝，过电流不能保护，不用开关，无法切断电源。

(2) 错用保险丝或以铜丝代保险丝过电流不能保护，见表 5-5。

(3) 线路老化：线路内阻 R_0 增大，Q 增加。绝缘层绝缘性能降低，容易短路。

5.7.2 第二类电气火灾事故

对于第二类电气火灾事故：

(1) 使用非防爆电器，遇到易燃易爆环境：

1) 不可合闸（火花产生）。

2）更不可拉闸（火花更大）。

（2）灯泡是照明元件，也是发热元件，使用不当，也会引起火灾。面粉、棉麻、毛纺等环境使用灯泡要符合要求。

（3）台灯的灯泡不能大于60W。

（4）电焊机的火花，引燃易燃物。

5.7.3 电气火灾的灭火常识

电气火灾有两个特点：（1）电器设备着火后可能带电，如不注意可能引起触电事故；有些电器设备本身充有大量的油（如电力变压器）；（2）可能会发生喷油，甚至爆炸，使火焰蔓延。

（1）切断电源以防触电，理由是：

1）扑救人员身体或所持器械可能触及带电体而触电事故。

2）导电灭火剂产生的水柱或泡沫引电至手而触电。

3）火灾发生后，电器设备因绝缘破坏导致火线碰壳而带电；电气线路因断落而着地，造成跨步触电；如掉在金属构架上，导致构架带电，这些都将引起触电事故。

断电源的注意事项：火灾发生后，开关因绝缘破坏而带电，拉闸时用绝缘工具；切断电源时，如果单相供电，火线与零线不能两根同时切断，否则将造成短路；如果三相供电，三根火线分别切断，否则将造成短路；无论是三相还是单相，切断后，带电部分不能着地，必须及时处理；切断电源时，要考虑到不影响灭火工作。

（2）带电灭火的安全要求。有时为了争取灭火时间，来不及断电，或者因生产需要不允许断电，则需要带电灭火，必须注意以下几点：

1）选择适当的灭火剂，如二氧化碳、四氯化碳、干粉等不导电的灭火剂。

2）泡沫灭火机的灭火剂是水溶性的，有一定的导电性，不能用作带电灭火。

3）用水枪灭火机时，必须用喷雾水枪，这种水枪通过水雾的泄漏电流较小，带电灭火较安全。

5.8 事故案例

用电设备在科研工作中有着广泛的应用，在设备使用中、在装置搭建中、在配电作业中，特别是在临时用电中都可能发生触电事故。这里分别选取直接触电事故和间接触电事故典型案例进行分析，以引起读者的注意。

5.8.1 直接触电事故

事故经过：某工作人员发现单位会议室有两盏日光灯不亮，于是决定自己进行修理。该工作人员站在桌子上，准备将日光灯拆下查找故障。在拆日光灯过程中，用手拿日光灯架时手接触到带电相线，被电击后从桌子上摔落。

事故直接原因：该工作人员安全意识淡薄，维修日光灯时没有采取必要的防范措施，带电作业，也没有使用安全防护用品。

5.8.2 间接触电事故

事故经过：某公司布展期间，连日下雨导致会展场地大量积水。该公司负责人决定在场地打孔安装潜水泵排水。当打完孔将潜水泵放置孔中准备排水时，发现没电。电工王某去配电箱检查原因，民工裴某手扶电镐赤脚站立积水中。王某用电笔检查配电箱，发现 B 相电源连接的空气开关输出端带电，便将电镐、潜水泵电源插座的相线由与 A 相电源相连的空气开关输出端更换到与 B 相电源相连的空气开关的输出端上，并合上与 B 相电源相连的空气开关送电。手扶电镐的裴某当即触电倒地，后经抢救无效死亡。

事故直接原因：

（1）作业人员违规在潮湿环境中使用电镐。该电镐属于Ⅰ类手持电动工具，根据规定Ⅰ类手持电动工具不能在潮湿环境中使用。

（2）当事人裴某安全意识淡薄，在自身未穿绝缘靴、未戴绝缘手套的情况下，手持电镐赤脚站在水里。

（3）电镐存在安全隐患。专家检测发现电镐内相线与零线错位连接，接地线路短路，无漏电保护功能。通电后接错的零线与金属外壳导通，造成电镐金属外壳带电。

（4）配电设备存在缺陷。开关箱内无漏电保护器，且线路未按规定连接。

5.9 大连化物所用电安全管理具体要求

大连化物所根据相关安全法律、法规，结合本所实际情况，制定了一套用电安全管理要求，具体见表5-4。

表5-4 用电安全管理要求

项目	管理要求
电气设备	1. 购置的电气设备应符合国家安全标准要求。 2. 电气设备应具有符合规定的铭牌或标志，以满足安装、使用和维护的要求。 3. 电气设备的安装、维修、拆除等应由持有效电工证件的专业人员进行。 4. 电气设备以及电气线路的周围应留有足够的安全通道和工作空间，且不应堆放易燃、易爆和腐蚀性物品。 5. 需要连续工作的电气设备应有安全可靠的安全保障措施（如漏电保护器、超温报警断电保护等），做好相关的安全标志。

续表5-4

项目	管理要求
电气设备	6. 电气设备金属外壳要可靠接地。大型仪器设备要根据其性能做好相应的专用接地保护。 7. 电气设备停止工作时要关闭开关并切断电源。电气设备发生故障或突遇停电时，要关闭开关并切断电源，确保恢复供电时的安全。 8. 用电部门或工作人员应在实验室配电箱、插排和插头处分别标识最大允许用电负荷，以便使用者了解。掌握所使用的电气设备的额定功率，插排侧标识所用设备用电负荷，严禁超负荷用电。 9. 有特殊需求的电气设备，要根据实际情况设置必要的发电装置或 UPS 电源等措施，以防不确定停电造成损失。同时要对 UPS 电源进行定期检查，如电压等参数。 10. 电气设备可能触及的带电部分（含零线）严禁裸露
配电箱（柜）	1. 配电箱、柜应设置醒目的防触电安全警示标志。 2. 配电箱、柜门应完整有效。 3. 配电箱、柜前方 1.2m 的范围内不应有障碍物（因工艺布置、设备安装确有困难时可减至 0.8m，但不得影响箱、柜门开启和操作）。 4. 配电箱、柜、开关箱内各开关应设置控制设备的名称标识。 5. 配电箱、柜内各类电器元件、仪表、开关和线路应排列整齐，安装牢固，操作方便。配电箱、柜内不应积尘、积水或存放杂物。 6. 配电箱、柜内的导线不应有接头，芯线无损伤。 7. 进出配电箱、柜的电线应规范，电线应固定，且有护套管防护。 8. 配电箱、柜周围不应放置可燃物品、易燃易爆和腐蚀性物质。 9. 配电箱、柜的接地应牢固可靠。装有电器的可开启的门，应以裸铜软线与接地的金属构架可靠地连接。 10. 落地安装的配电箱、柜底面宜高出地面 50~100mm，应能防小动物进入
电气线路及插座、插排	1. 电气线路敷设应规范（护套、固定等，竖直 1.8m/水平 2.5m 以下）。 2. 插座、插排不应超负荷使用（16A、10A 混用，工作中要检查固定插座、插排）。 3. 实验停止时，插排控制电源应立即断电，将插排供电插头拔下。 4. 插座、插排不应有破损或烧糊现象，外壳老化应更换。 5. 插排不应直接落地使用。 6. 电气线路（含零线）绝缘应良好，接头等可能触及的带电部分严禁裸露 7. 设备电源线接头不应有老化、泛黄（尤其大功率加热设备）现象。插头接线必须规范，必须将绝缘护套固定在插头内部的固定座处。 8. 严禁乱拉临时线路，严禁使用裸露线头代替电插头。 9. 通风橱内开展含有机溶剂、易燃易爆气体的实验时，电源插排不宜放置在其中使用。 10. 固定插座离地面高度不宜低于 300mm。 11. 插排悬挂时，不宜直接固定延长线，插排背面有用于固定的定位孔，在固定处安装一枚膨胀钉或普通水泥钉，然后将插排体固定即可

续表 5-4

项目	管理要求
临时用电	1. 临时用电需填写《临时用电作业审批表》（见表 5-5），经部门负责人审批后，方可使用，使用期间有专人负责，并限期拆除。《临时用电作业审批表》由部门安全员负责保存，并报安全管理部门备案。 2. 临时用电的电气设备必须安装漏电保护器。 3. 实验室临时线路（不属于装置搭设的临时用电审批范畴）使用后应立即拆除（最长不应超过 1 天），不应拖地敷设，且应采取防止线路损坏的措施
电热设备（含带加热功能设备）	1. 操作人员应熟悉所用电热设备性能、供电电压、功率、最高使用温度和电热设备操作规程。 2. 使用部门应制定电热设备安全操作规程，并在明显的位置张贴。 3. 电热设备停止工作时必须关闭并切断加热回路电源。 4. 电热设备应设置可靠的温度控制器和超温报警断电保护。 5. 连接反应装置的电热设备过夜使用时，除全自动 DCS 控制外都应有人值班监护，填写《电热设备过夜使用备案表》（见表 5-6），并报安全管理部门备案后使用。 6. 电热设备使用场所，应安装感烟探测器。 7. 利用电热设备进行实验前，应对所使用的各类危险物质和实验条件进行安全风险评估，并采取安全可靠措施后方可进行。 8. 严禁将温控仪、接线板、纸张、化学品等放置在电热设备上。 9. 具有赤热表面的电热设备附近不应放置可燃物和危险化学品。 10. 电炉、电暖气等连续用电设备（冰箱等冷藏类设备除外）应填写《连续用电设备告知备案表》（见表 5-7）报安全管理部门备案后使用，由专人负责使用。 11. 禁止使用除专用取暖设备外的电热设备取暖。专用取暖设备应填写《取暖用电热设备使用备案表》（见表 5-8）报安全管理部门审批备案后，由专人负责使用。 12. 电热设备的摆放应考虑周围的安全，不得放置在电源配电箱（盘）下，并与气瓶、药品柜、木柜、可燃物质等至少应保持 5m 的间距，或采取相应的密闭、隔离等措施。放在木制实验台或木地板上的电热设备必须衬垫可靠隔热材料。 13. 电热设备用热电偶应按规定进行定期检验，确保温度传感器正常
其他	1. 存放危险化学品的冰箱必须经过安全改造后使用，并张贴醒目的安全标志。 2. 严禁以自来水管、暖气管或煤气管路作为地线，不得将保护地线接到仪器专用的工作地线上和电源的零线上 3. 手持电动工具和移动式电气设备必须安装漏电保护器。 4. 漏电保护器应定期进行检查（每月一次），并做好记录，发现故障要及时送修和更换。 5. 在地沟里、管道内、容器中、潮湿等危险部位或有限空间进行作业时，必须使用电源为 12V 的安全灯。机床上的工作灯应使用安全电压。禁止以普通照明的灯具代替安全灯（建议使用 LED 手电或 LED 头灯，供电为锂电池，电压为 4.2V，发热量低，开关无火花）。 6. 研究组应建立本组电热设备台账，并及时更新。 7. 研究组应开展组内人员用电安全培训，并留存培训记录。 8. 研究组应开展组内电气安全检查，并留存检查记录。 9. 研究组应落实用电安全责任人

表 5-5 临时用电作业审批表

编号 [ ] 第 号

工作内容:		作业地点:	
电源接入点:		用电设备及功率:	
申请单位（部门）:		申请人:	
作业单位:		作业人:	

临时用电时间： 月 日 时 分至 月 日 时 分

序号	安全措施	主要内容	确认
1	安装临时线路人员持有电工作业操作证		
2	临时电源和线路达到相应的等级和要求		
3	临时用电设备应安装有漏电保护装置		
4	用电设备、线路容量、负荷应符合要求		
5	临时用电的线路架空高度在室外道路不得低于 2.5m		
6	临时用电配电箱等均采用防雨措施		
7	露天临时用电不得采用裸线，不得在脚手架上搭设		

作业安全条件及措施确认：

作业单位现场负责人： 年 月 日

部门负责人审批意见：

审批人： 年 月 日

表 5-6 电热设备过夜使用备案表

编号 [ ] 第 号

使用部门			
使用楼宇		房间号	
设备名称			
安全负责人		联系电话	
值班人员		联系电话	
使用时间	自 年 月 日至 年 月 日		

采取的安全措施：	

部门负责人意见：

签　字：

年　月　日

表 5-7　连续用电设备告知备案表

编号 ［　　］ 第　号

使用部门			
使用楼宇		房间号	
设备名称			
安全负责人		联系电话	
使用时间	自　年　月　日至　年　月　日		

采取的安全措施：

安全管理部门意见：

签　字：

年　月　日

表 5-8 取暖用电热设备使用备案表

编号 [   ] 第   号

使用部门			
设备名称			
使用地点			
使用周期			
安全负责人		联系电话	

采取的安全措施：

安全管理部门意见：

签 字：

年   月   日

6 实验室生物安全

6.1 实验室生物安全常识

6.1.1 定义

实验室生物安全：主要指用以防止实验室使用或研究的自然生物、人工培育生物无意暴露或意外释放的防护原则、技术以及实践。

6.1.2 生物实验室的危险因素

要降低实验室的运行风险，保证人员财产安全，避免环境污染甚至公共安全事件的发生，必须事先对实验室生物安全进行风险评估。而其中的第一步，也是关键的一步，就是首先确定实验室危险因素。生物实验室操作的常见危险因素包括微生物因素、理化因素，以及火灾、触电、烧伤、物理损伤等意外事故伤害。

6.1.2.1 微生物因素

在生物安全实验室中进行实验活动，可能接触、使用、保存和处理含有病原微生物的感染性物质，包括病原微生物样本、实验操作中含有病原微生物的实验材料和实验废弃物等。

微生物感染主要途径包括：

（1）气溶胶的吸入：在进行离心、移液、超声破碎、研磨、搅拌或震荡混合、容器开启等实验操作过程中，都有可能产生气溶胶，吸入人体后可能会造成感染。

（2）各类感染性标本或样本的暴露：含有病原微生物的标本或样本，包括血液、血清、血浆及其他体液、病理组织、微生物培养物、废弃物等，统称为感染性标本或样本，可以通过破损的皮肤、消化道、黏膜暴露等方式直接或间接造成感染，如样品容器的不当包装、运输和开启、意外食入或吸入、手套破损、意外溅出或溢出等。

（3）意外损伤：包括接触过病原微生物的利器，如注射器针头、刀片、玻璃片、吸管、破碎玻璃器皿、仪器设备边角等造成的刺伤、割伤以及感染动物的咬伤等。

6.1.2.2 理化因素

理化因素主要包括生物实验所使用的物理处理和化学试剂可能对人体造成的伤害，例如：

（1）紫外线的暴露：长时间暴露于紫外线照射下或大量吸入紫外线照射后产生的有害气体。

（2）放射性同位素或其他电离辐射的暴露：在生物实验中操作带有放射性同位素的样品或试剂，或使用放射性同位素或其他物理射线进行处理和检测时，未按照规定进行防护，会造成辐射伤害。

（3）化学试剂的伤害：在生物实验中，会涉及使用具有毒性、腐蚀性等危害人体健康的危险化学品，如未按照试剂特点进行防护，操作不当时会通过吸入或接触对人体造成伤害。

6.1.2.3 火灾、触电、烧伤、物理损伤等意外事故伤害

在生物实验室进行实验操作时，危险因素还包括：使用酒精灯或其他加热设备时可能引起的灼烫甚至火灾等事故；使用离心机、高压灭菌锅等仪器时由于操作不当或仪器故障引起的转子飞出、爆炸等造成的物理伤害；实验仪器及线路老化或故障引起的触电事故；使用气瓶及危险气体时可能出现的爆炸、中毒等伤害；使用低温冰箱、干冰、液氮等低温介质时可能的低温灼烫等。

6.1.3 病原微生物的分类和生物实验室分级

病原微生物是生物实验室中最常见，也是危害性最高的风险因素之一。为更好地应对病原微生物造成的伤害，首先应对病原微生物进行分类，以制定出针对性的防护措施。在进行生物实验前，应依照实验涉及的病原微生物种类，评估实验室是否有进行此级别病原菌操作的条件，并严格按此级别病原微生物的实验规程进行操作。

依据中华人民共和国国家标准《实验室生物安全通用要求》，根据生物因子对个体和群体的危害程度将其分为 4 级：

（1）危害等级 Ⅰ（低个体危害，低群体危害）：不会导致健康工作者和动物致病的细菌、真菌、病毒和寄生虫等生物因子。

（2）危害等级 Ⅱ（中等个体危害，有限群体危害）：能引起人或动物发病，但一般情况下对健康工作者、群体、家畜或环境不会引起严重危害的病原体。实验室感染不会导致严重疾病，具备有效治疗和预防措施，并且传播风险有限。

（3）危害等级 Ⅲ（高个体危害，低群体危害）：能引起人或动物严重疾病，或造成严重经济损失，但通常不能因偶然接触而在个体间传播，或能用抗生素抗

寄生虫药治疗的病原体。

（4）危害等级Ⅳ（高个体危害，高群体危害）：能引起人或动物非常严重的疾病，一般不能治愈，容易直接、间接或因偶然接触在人与人，或动物与人，或人与动物，或动物与动物之间传播的病原体。

由于不同生物实验室所操作的生物因子危害程度不同，对生物安全的防护要求也有所区别。如果实验室中的病原微生物发生泄漏，有可能在实验室或周围，甚至外界公共环境中造成疾病的传播和流行，造成严重的危害。因此，生物实验室需要从建筑设计、安全设备、个人防护装置和措施，严格的管理制度和标准化操作流程等方面进行考虑，保护实验操作人员、周围环境和操作对象。

生物安全实验室（Biosafety Laboratory），是指通过防护屏障和管理措施，达到生物安全要求的生物实验室和动物实验室。根据所操作的微生物的危害等级不同和对所操作生物因子采取的防护措施，将实验室生物安全防护水平（Biosafety Level，BSL）分为4级，1级防护水平最低，4级防护水平最高。以 BSL-1、BSL-2、BSL-3、BSL-4 表示实验室相应的生物安全防护水平。BSL-1 和 BSL-2 级别生物安全实验室属于基础实验室，BSL-3 级生物安全实验室为屏障实验室，BSL-4 级别实验室为高度屏障实验室。具体分级情况见表 6-1。

在进行生物实验前，必须明确实验室的安全级别和处理能力，根据处理的病原微生物类别决定是否能够在所处实验室进行操作，生物安全实验室分级表见表6-1。

表 6-1　生物安全实验室分级

分级	危害程度	处理对象
BSL-1 级	低个体危害，低群体危害	对人体、动植物或环境危害较低，不具有对健康成人、动植物致病的致病因子
BSL-2 级	中等个体危害，有限群体危害	对人体、动植物或环境具有中等危害或具有潜在危险的致病因子，对健康成人、动植物和环境不会造成严重危害，有有效的预防和治疗措施
BSL-3 级	高个体危害，低群体危害	对人体、动植物或环境具有高度危害性，通过直接接触或气溶胶使人传染上严重甚至致命疾病的致病因子，通常有预防和治疗措施
BSL-4 级	高个体危害，高群体危害	对人体、动植物或环境具有高度危害性，通过气溶胶传播或传播途径不明，或未知高度危险的致病因子，没有预防和治疗措施

注：引自《生物安全实验室建筑技术规范》（GB 50346—2011）。

6.1.4　个人防护

虽然生物实验室一般具有屏障系统，并进行消毒灭菌，但是为增加可靠性，做到万无一失，避免泄漏到实验室环境中的病原微生物对实验人员造成威胁，必须按要求做好个人防护。

个人防护装备主要包括护目镜、口罩、面罩、防毒面具、帽子、实验服、隔离衣、连体衣、手套、鞋套、听力保护耳塞等。

6.1.4.1 眼部安全防护

在生物实验室的操作中，紫外线照射、化学试剂或生物污染物飞溅等都有造成眼睛损害的风险，必须采取眼部防护措施。眼部防护装备主要包括护目镜等。所选用的护目镜类型取决于危害因子对眼睛的危害程度。如防化学试剂的护目镜，主要用于防御有刺激性或腐蚀性的溶液对眼睛的化学损伤。护目镜能够保护实验室工作人员避免受到大部分实验室操作所带来的伤害。当进行可能发生化学或生物污染物溅出的实验时，应佩戴护目镜。当进行有潜在爆炸危险的反应和使用或混合强腐蚀性溶液时，应佩戴面罩或同时佩戴面罩和护目镜或安全眼镜，以保护整个面部和喉部。从高压灭菌锅内取出高温器皿或从液氮中取出物品时，应戴手套、护目镜和面罩来保护手和眼睛。

6.1.4.2 面部防护

面部防护设备主要包括口罩、防护面罩和防护帽。

口罩可以保护面部下半部分免受生物危害物质如血液、体液、分泌物和排泄物等的喷溅污染。生物实验室中常用的口罩为医用外科口罩和 N95 口罩。根据医用口罩技术要求（YY 0469—2004），医用口罩的细菌过滤效率应不小于 95%，对非油性颗粒的过滤效率应不小于 30%。外科口罩一般在 BSL-1 和 BSL-2 实验室中使用。在安全级别更高的实验室中，应佩戴 N95 口罩。

防护面罩一般用于保护生物实验室工作人员免遭脸部碰撞或切割伤，也可防止血液、体液、分泌液、排泄物或其他感染性物质的飞溅或滴液接触至脸部或污染眼睛、口、鼻。防护面罩可与护目镜及口罩配合使用以对整个脸部进行防护。

防护帽也是生物实验室中常用的个人防护用具，可以保护工作人员免受化学和生物危害物质飞溅至头部和头发上造成的污染和伤害。

6.1.4.3 手部防护

实验室工作人员在工作时手部可能受到各种有害因素的影响，如实验操作过程中可能接触到的传染源、毒物、酸碱及其他化学品，被上述物质污染的实验台面或设备等。手部是造成大部分实验暴露危险的重要因素，手部防护装备可以在实验人员和危险物质间形成初级屏障。

手部防护装备主要为手套。在实验室工作时佩戴好手套可以防止微生物侵害，化学品、辐射污染，烧伤、冻伤、烫伤、刺伤、擦伤和动物抓、咬等。手套应按所进行操作的性质符合舒适、灵活、耐磨、耐扎、耐撕、抓握的要求，对所进行的操作进行足够的保护。在生物实验室中一般使用的手套材质有乳胶、橡胶、聚腈类、聚乙烯等。乳胶手套是最常用的手套类型，但不适于接触强氧化性物质。氯丁磺化聚乙烯手套适用于高浓度的盐酸、硫酸、硝酸、王水等物质。使用耐热材料，如皮革、聚酰胺纤维等制成的手套耐高温阻燃手套可以用于接触高温物体。在处理低温物体（如液氮、干冰等）时，应佩戴棉手套。

在佩戴手套进行实验操作时，应注意戴手套的手不要触摸身体其他部位，或调整其他个人防护装备，避免触摸不必要的物体表面，如灯开关、门把手等。在实验中，如发现手套破损应立即更换，并在佩戴新手套前清洗手部。

6.1.4.4 躯体防护

生物实验室应确保具备足够的有适当防护水平的清洁防护服对工作人员的躯体进行保护。防护服主要包括实验服、隔离衣、围裙、正压防护服等。

在 BSL-1 级别生物实验室中进行操作时，可穿着普通实验服。由于化学试剂和病原微生物可能在实验服上吸附和积累，因此不能将实验服穿至实验室外。在 BSL-2 和 BSL-3 生物实验室中，应穿着防护效果更好的隔离衣。隔离衣一般为长袖背开式，穿着时应该保证颈部和腕部扎紧。在 BSL-4 级别生物实验室中进行操作，应穿着具备生命支撑系统的正压防护服。

6.1.4.5 足部防护

在生物实验室中进行操作时，应穿着合适的鞋套，以防止实验人员足部受到感染性物质喷溅造成的污染，或有毒和腐蚀性化学试剂的伤害。在 BSL-2 和 BSL-3 级别实验室中进行操作时，必须穿着鞋套，在 BSL-3 和 BSL-4 级别实验室中应按要求穿着专用鞋（如橡胶靴子）。禁止在生物实验室中穿着凉鞋、拖鞋、高跟鞋、露趾鞋和机织物鞋面的鞋。在实验室中穿着的鞋应具备防滑、不渗液体等性质。

6.1.4.6 听力防护

在生物实验室中，会用到超声破碎仪等产生高分贝噪声的仪器设备，长时间暴露于此类环境中会导致听力下降甚至丧失。在进行产生噪声的实验操作时，应佩戴听力保护器以保护听力。常用的听力保护器有御寒式防噪声耳罩和一次性泡沫防噪声耳塞。个人防护装备的基本要求和用途见表6-2。

个人防护装备的基本要求和用途归纳于表6-2中。

表 6-2　个人防护装备的基本要求和用途

装备	避免的危害	安全性特征
实验服、隔离服、连体衣	污染衣服	无纺布材料，背面开口，罩在日常服外
塑料围裙	污染衣服	防水
鞋套	碰撞和污染鞋袜	防水，遮盖鞋袜和裤腿下部
安全眼镜	碰撞和喷溅	防碰撞镜片（必须有视力矫正），侧面有护罩
护目镜	碰撞和喷溅	防碰撞镜片（必须有视力矫正或外戴视力矫正镜），侧面有护罩
面罩	碰撞和喷溅	罩住整个面部，发生意外时易于取下
防毒面具	吸入气溶胶	一次性使用，半罩式、全罩式空气净化；全罩式动力空气净化；生命支持系统正压防护服
手套	直接接触生物危害物质和划破	一次性乳胶、乙烯树脂和聚腈类材料，保护手
帽子	污染头发	无纺布材料，防水，保护头部、头发
耳塞	听力损害	防噪声

6.1.5　常规实验操作注意事项

常规操作和仪器使用：

（1）在生物实验室进行工作时，应做好个人防护，穿实验服或隔离衣，佩戴手套，并根据实验对象的危害程度提高个人防护级别。在实验室中，不要穿高跟鞋、露脚趾的凉鞋或拖鞋。进行实验时应将长发扎起盘在脑后。

（2）严禁在实验室中存放食品、饮品，禁止在实验室中饮食。

（3）使用超声破碎仪时应佩戴耳塞或耳罩。

（4）显微镜的光源在关闭电源前要调至最暗，防止下次使用时强光对眼睛造成伤害。

（5）使用移液管转移液体时，严禁口吸取，移液管应带有棉塞以减少对移液器具的污染。

（6）实验室的冰箱、冰柜应定期进行除霜和清洁；冰箱内的所有试剂和容器都应有清晰明确的标识；防爆冰箱应在冰箱门上注明，易燃易爆化学品、低沸点、挥发性试剂禁止放置在非防爆冰箱内；冰箱内物品应摆放整齐，方便查找，减少开门时间避免结霜，防止物品跌落。

（7）使用高压灭菌锅时，应注意：提前确认灭菌物品的材质是否有高温高压耐受能力；需灭菌容器内的液体不可过满，盖子要松开；确认灭菌锅内的水是否足够；定期检查灭菌锅的橡胶垫是否老化漏气，及时更换；灭菌结束后应等待锅内压力和温度降低后再开启锅盖，并佩戴防护手套避免烫伤。

（8）使用烘箱时，应注意：严禁使用烘箱烘焙易燃易爆物品；烘箱底层散热板上不要放置物品；烘箱内物品不要过满，以免影响空气流通；注意烘箱内物品对温度的耐受能力；烘箱使用时需有人值守，严禁过夜使用烘箱。

（9）使用离心机时，应注意：离心机放置的位置不宜过高，应让使用者能够观察到离心机腔体内部情况；离心机应放置在水平、稳固的台面上；离心机的转子在使用前应固定好，避免从转轴上脱落；离心的样品应严格进行配平；离心时应盖上盖子；考虑离心管能够承受的离心力；根据不同转子设定最大离心力和转速；进行离心时，应等待离心机到达设定的转速后再离开；具有冷冻功能的离心机在使用后应打开盖子，防止结霜和液体残留；定期进行维护，添加润滑油。

（10）使用酒精灯时，应注意不要向酒精灯内添加过多酒精（不要超过酒精灯容积的三分之二），不要向点燃的酒精灯内添加酒精，用75%酒精擦拭过的物品和操作人员的手在酒精挥发完之前不要靠近点燃的酒精灯，操作时注意防止烧伤烫伤，在酒精灯使用位置附近准备灭火毯等消防设备。

（11）使用微波炉加热物品时，应将瓶口松开，使用短时间、多次加热的方式进行加热，随时观察加热物品的状态，在暂停时及时摇匀，防止受热不均沸腾外溢，注意加热物品的材质是否可以使用微波加热，金属制品、塑料、木制品、纸制品不可使用微波炉加热。

（12）使用摇床时，应注意：检查试管、三角瓶等玻璃器皿的状况，如有裂纹不可放入摇床；样品应牢固固定于摇床内，不可晃动，必要时可使用皮筋等辅助固定；开启摇床后，应等待到达设定转速稳定后，确认无异常方可离开；取出物品前，应将摇床暂停运行。

（13）使用玻璃器皿时，应注意破损情况，防止边缘划伤，如果破碎，应小心收集所有碎片，放入利器盒内。

（14）使用过的刀片、注射器针头等，应统一放入利器盒内处置，不可随意丢弃到垃圾桶中。

（15）实验室的仪器设备摆放应注意保持距离，尤其是带有散热出风口的仪器注意不要堵塞散热口。

（16）具有过滤网的冰箱、冰柜等，应定期对过滤网进行清理。

（17）有挥发性、刺激性有毒物质时，应在通风橱中进行操作。

（18）超净工作台的工作方式为向外吹风，只能保护操作对象不受污染，对操作者没有保护作用，通常用于大肠杆菌等一般工程菌的操作；在操作有潜在感染风险的实验对象时，应在生物安全柜中进行。

分子生物学实验和基因操作如下所示。

基因操作指对基因进行的分离、分析、改造、检测、表达、重组和转移等操作。随着技术的进步，基因操作已经成为生物实验室必不可少的常规实验操作，无论从事动物、植物、微生物研究，或在细胞和模式生物中进行研究，都需要通过分子生物学手段进行基因操作。对于不同的生物种类，基因操作的方法和技术有所不同，但在进行操作时，都应考虑基因操作的产物是否会对实验人员造成侵染，基因操作的中间产物和最终改造成功的生物或细胞是否会发生扩散对野生种群造成污染。

在进行基因操作时，需要使用质粒载体、细菌（大肠杆菌等）、真菌（酵母、根瘤农杆菌等）、病毒（慢病毒、腺病毒等）作为工具载体进行操作。上述不同种类的工具载体在应用过程中，已经进行了充分的改造，最大程度降低了致病或感染的可能性。但是，由于生物体系的复杂性，在使用这些工具载体时，仍需要做好个人防护，杜绝这些工具载体与实验人员的直接接触或吸入，收集含有这些工具载体的废弃物，进行灭活后再交由专业机构处理。

细胞生物学实验：

（1）进行细胞生物学实验时，应做好个人防护，穿着隔离衣，戴口罩、帽子、手套。

（2）在操作人类血液、细胞、组织样本时，应注意其中可能存在的病毒（如乙肝病毒、艾滋病毒等），提前注射疫苗，并在相应级别的生物安全实验室中进行操作。

（3）使用慢病毒、腺病毒等工具载体进行细胞侵染时，应注意不要让病毒液接触人体，所有接触过病毒液的器皿应单独回收，密封包装，防止气溶胶污染。

（4）应注意房间或操作台的紫外灯，避免紫外线辐射损伤。

（5）在细胞培养中，需要由气瓶供应 CO_2，在使用时，应注意不要将气瓶置于房间内，防止 CO_2 窒息，气瓶应当固定于气瓶架上，定期检查阀门和管线的状况。

（6）在使用液氮冻存细胞时，应注意液氮的温度为 -196℃，为防止冻伤，应做好个人防护；放置于液氮罐中的容器应具有耐低温性能；冻存细胞应使用螺口冻存管，而不应使用 EP 管，以防液氮进入离心管中，升温时发生爆炸。

实验废弃物的处理：

（1）实验中使用的感染性材料（如病原菌）、感染的组织和细胞等，以及接触过感染性材料的器皿，必须经过高压灭菌后交由专业机构处置。

（2）实验中培养的非感染性细菌、细胞、抗体、质粒载体等材料，以及培养和处理所使用的培养基、培养器皿及其他接触过的器皿，都应集中回收，由专业机构进行焚烧处理。

（3）对于各类危险化学品，应根据其性质进行分类回收，交由专业机构处置。

（4）对于使用的刀片、针头等锐器，应放入防刺透利器盒中，在装至容积的 3/4 时，应交由专业机构焚烧处理。

（5）一般垃圾，如纸质或塑料包装等，在确认没有生物或化学试剂污染的前提下，应专门收集，按一般生活垃圾处理，严格控制不要混入实验垃圾。

生物实验室常用的有毒有害化学试剂：

（1）甲醛：具有较大毒性，易挥发，致癌，可通过皮肤吸收，对眼睛、黏膜和上呼吸道有刺激作用，应在通风橱内进行操作，应佩戴手套和护目镜，远离热源和明火。

（2）乙酸（浓）：吸入和接触皮肤可能造成伤害，应在通风橱内操作，应佩戴手套和护目镜。

（3）TritonX-100：引起严重的眼睛刺激和灼伤，可因吸入、咽下和皮肤吸收造成伤害，应佩戴手套和护目镜。

（4）丙酮：易挥发，具有毒性，有刺激性气味，大量接触和吸入会对肝、肾及中枢神经造成一定的伤害。

（5）乙醚：具有强吸水性，有刺激性气味，易挥发，长期低浓度吸入可造成头痛、头晕、疲倦、嗜睡、红细胞增多等症状，长期接触皮肤可造成皮肤干燥、皲裂。

（6）过氧化氢：即双氧水，强氧化剂，对皮肤、眼睛和黏膜具有刺激性作用，低浓度时可产生漂白和灼烧感觉，浓度高时可使表皮起泡和严重损伤眼睛。

（7）二甲苯：可通过呼吸、皮肤和眼睛的接触造成伤害，长期接触二甲苯可能导致神经系统和肝肾损害，只能在通风橱中操作，切勿靠近热源和明火。

（8）二甲基亚砜（DMSO）：具有毒性，避免直接接触皮肤，避免吸入DMSO 蒸汽，避免 DMSO 燃烧。

（9）氨基乙酸（甘氨酸）：避免吸入粉末。

（10）BrdU：可致胚胎畸形，不宜吸入，应在通风橱中操作。

（11）苯甲基磺酰氟（PMSF）：一种高强度毒性的胆碱酯酶抑制剂，对呼吸道黏膜、眼睛和皮肤可能造成严重的伤害，可因吸入、咽下或接触皮肤而致命，应在通风橱内进行操作，并佩戴手套和安全眼镜。

（12）丙烯酰胺（游离态）、N，N′-亚甲基双丙烯酰胺：具有神经毒性，可通过皮肤和呼吸道进入人体，操作时应佩戴手套和口罩，穿实验服，丙烯酰胺聚合后无毒性。

（13）叠氮化钠：剧毒，具有氧化性，远离可燃物，含有叠氮化钠的溶液要明确标记。

（14）多聚甲醛：剧毒，易通过皮肤吸收，并对皮肤、眼睛、黏膜和上呼吸道造成严重破坏，应避免吸入粉末，在通风橱中操作。

（15）DAB：二氨基联苯胺，是过氧化物酶的生色底物，有致癌性，操作时小心吸入。

（16）二硫苏糖醇（DTT）：强还原剂，有难闻的气味，吸入、咽下或皮肤吸收危害健康，操作高浓度工作液和固体粉末时应戴手套和护目镜，在通风橱中操作。

（17）过硫酸铵：对黏膜和上呼吸道、眼睛和皮肤有极大危害，吸入可致命，操作时应戴手套和口罩。

（18）甲醇：有毒，可致失明，在通风橱中操作。

（19）焦碳酸二乙酯（DEPC）：潜在的蛋白变质剂和致癌剂，在通风橱中操作，其水溶液经高温高压灭菌可分解。

（20）聚乙二醇（PEG）：避免吸入粉末。

（21）氯仿：致癌剂，有肝肾毒性，长期慢性吸入可危及胎儿健康，有挥发性和刺激性，在通风橱中操作。

（22）氯化锌：有腐蚀性，对胎儿有潜在危险，不要吸入粉末。

（23）氯霉素：为致癌剂，在通风橱中操作。

（24）柠檬酸：有刺激性，对眼睛伤害极大，避免吸入粉末。

（25）秋水仙素：剧毒，可致命，可导致癌症和可遗传的基因损伤，避免吸入粉末，在通风橱中操作。

（26）β-巯基乙醇：吸入或皮肤吸收可致命，有难闻气味，在通风橱中操作。

（27）三氯乙酸：有强腐蚀性，戴手套和护目镜操作。

（28）十二烷基硫酸钠（SDS）：有毒，是一种刺激物，可对眼睛造成严重损害，吸入、咽下或皮肤吸收危害健康，应避免吸入，戴手套和口罩进行操作。

（29）TEMED：强神经毒性，有刺激性气味，防止吸入，操作时快速，易燃，远离热源和明火。

6.2 事故案例

动物实验感染传染病事件。

事件经过：2010 年某大学多名学生在实验室进行"羊活体解剖学实验"，之后多名学生出现发烧、关节疼痛等症状。校方检查后发现，共 5 个班级 28 人被感染布鲁氏菌病。

事件原因：《调查报告》显示，鉴于布病感染的机理，同时根据患病人员均参加了以上 4 只山羊为实验动物的相关实验，断定未经检验的这 4 只山羊带有布鲁氏菌。此外，导致此次感染的原因还有"未能切实按照标准的试验规范，严格要求学生遵守操作章程，进行有效防护"，以及实验动物管理失职、监督不到位等。

6.3 实验室生物安全常识

大连物化所根据相关安全法律、法规，结合本所实际情况，制定了一套实验室生物安全管理要求，具体见表6-3。

表6-3 实验室生物安全管理要求

项目	管理要求
实验室生物 安全管理	1. 实验室工作涉及传染或潜在传染性生物因子时，应提前开展危害程度评价。任何涉及危险物料的实验均须采用安全设备，开展生物实验前应检查安全设备是否能够正常使用，如有问题则应及时修理，修复之前不得开展实验。 2. 在改扩建生物实验室时，应遵守国家、地方相应的建筑法规和对生物实验室的专用建筑安全标准，设计方案应报安全管理部门核准。未达到相关安全防护级别要求的实验室禁止从事任何涉及生物安全的工作（包括储存）。 3. 实验前工作人员应确认实验过程中所涉及病原微生物的危害程度以及实验室的安全防护水平，不得从事高于实验室安全防护级别的研究工作。 4. 生物实验区域应与非生物实验区域界限分明，实验室的入口和实验区域应有明显的标志，包括国际通用的危险标志（如生物危险标志）。 5. 生物实验室要有专人管理，未经授权不得进入。在没有人员进出时，生物实验室的门应保持关闭状态。 6. 存放样本、培养物、生物试剂或其他生物物品的场所，必须有专人管理、专柜保存等安全措施。 7. 生物实验室工作区内的任何地方均不能贮存食品、饮品。 8. 所有样本、培养物和废弃物应根据生物安全处理方式处置，进行安全有效的保存，经高压灭菌等有效方式进行灭活处理后，方可送出。 9. 实验室防护服与日常工作服应分别存放。个人物品、衣物等不应放在可能发生生物污染的区域。 10. 生物实验产生的废弃物要集中处置，包装物要防渗漏、防锐器穿透。 11. 生物实验室中必须配备有效的消毒剂、眼部清洗剂或生理盐水，且易于取用，并配备应急药品。 12. 开展生物实验时，必须按规定佩戴符合要求的劳动防护用品（如实验服、安全鞋袜、护目镜和面罩、防毒面具、手套等）。 13. 涉及生物安全的实验需在专门实验室或区域内进行，所产生污染物应有专人负责，存入专用容器，做好现场清理和消毒工作。 14. 各种生物废弃物分类收集，按规定时间送指定地点处理。 15. 禁止在所区内饲养实验动物、开展动物活体或动物器官实验

7 实验室放射性同位素与射线装置使用安全

7.1 放射性同位素与射线装置分类

7.1.1 射线装置分类办法

根据《放射性同位素与射线装置安全和防护条例》（国务院令第449号）规定，制定本射线装置分类办法。

（1）射线装置分类原则。根据射线装置对人体健康和环境可能造成危害的程度，从高到低将射线装置分为Ⅰ类、Ⅱ类、Ⅲ类。按照使用用途分医用射线装置和非医用射线装置。

1）Ⅰ类为高危险射线装置，事故时可以使短时间受照射人员产生严重放射损伤，甚至死亡，或对环境造成严重影响。

2）Ⅱ类为中危险射线装置，事故时可以使受照人员产生较严重放射损伤，大剂量照射甚至导致死亡。

3）Ⅲ类为低危险射线装置，事故时一般不会造成受照人员的放射损伤。

（2）射线装置分类表。常用的射线装置按表7-1进行分类。

表 7-1 射线装置分类

装置类别	医用射线装置	非医用射线装置
Ⅰ射线装置	被加速的粒子能量大于100兆电子伏的装置	生产放射性同位素的加速器（不含制备PET用放射性药物的加速器）
	医用加速器	能量大于100兆电子伏的加速器
Ⅱ类射线装置	放射治疗用X射线、电子束加速器	工业探伤加速器
	重离子治疗加速器	安全检查用加速器
	质子治疗装置	辐照装置用加速器
	制备正电子发射计算机断层显像装置（PET）用放射性药物的加速器	其他非医用加速器
	其他医用加速器	中子发生器
	X射线深部治疗机	工业用X射线CT机
	数字减影血管造影装置	X射线探伤机

装置类别	医用射线装置	非医用射线装置
Ⅲ类射线装置	医用 X 射线 CT 机	X 射线行李包检查装置
	放射诊断用普通 X 射线机	X 射线衍射仪
	X 射线摄影装置	兽医用 X 射线机
	牙科 X 射线机	
	乳腺 X 射线机	
	放射治疗模拟定位机	
	其他高于豁免水平的 X 射线机	

7.1.2　放射源分类办法

根据国务院第 449 号令《放射性同位素与射线装置安全和防护条例》规定，制定本放射源分类办法。

（1）放射源分类原则。参照国际原子能机构的有关规定，按照放射源对人体健康和环境的潜在危害程度，从高到低将放射源分为 Ⅰ 、Ⅱ 、Ⅲ 、Ⅳ 、Ⅴ 类，Ⅴ 类源的下限活度值为该种核素的豁免活度。

1）Ⅰ 类放射源为极高危险源。没有防护情况下，接触这类源几分钟至 1h 就可致人死亡。

2）Ⅱ 类放射源为高危险源。没有防护情况下，接触这类源几小时至几天可致人死亡。

3）Ⅲ 类放射源为危险源。没有防护情况下，接触这类源几小时就可对人造成永久性损伤，接触几天至几周也可致人死亡。

4）Ⅳ 类放射源为低危险源。基本不会对人造成永久性损伤，但对长时间、近距离接触这些放射源的人可能造成可恢复的临时性损伤。

5）Ⅴ 类放射源为极低危险源。不会对人造成永久性损伤。

（2）放射源分类表。常用不同核素的 64 种放射源按表 7-2 进行分类。

表 7-2　放射源分类　　　　　　　　　　　（Bq）

核素名称	Ⅰ 类源	Ⅱ 类源	Ⅲ 类源	Ⅳ 类源	Ⅴ 类源
Am-241	$\geq 6 \times 10^{13}$	$\geq 6 \times 10^{11}$	$\geq 6 \times 10^{10}$	$\geq 6 \times 10^{8}$	$\geq 1 \times 10^{4}$
Am-241/Be	$\geq 6 \times 10^{13}$	$\geq 6 \times 10^{11}$	$\geq 6 \times 10^{10}$	$\geq 6 \times 10^{8}$	$\geq 1 \times 10^{4}$
Au-198	$\geq 2 \times 10^{14}$	$\geq 2 \times 10^{12}$	$\geq 2 \times 10^{11}$	$\geq 2 \times 10^{9}$	$\geq 1 \times 10^{6}$
Ba-133	$\geq 2 \times 10^{14}$	$\geq 2 \times 10^{12}$	$\geq 2 \times 10^{11}$	$\geq 2 \times 10^{9}$	$\geq 1 \times 10^{6}$
C-14	$\geq 5 \times 10^{16}$	$\geq 5 \times 10^{14}$	$\geq 5 \times 10^{13}$	$\geq 5 \times 10^{11}$	$\geq 1 \times 10^{7}$

核素名称	Ⅰ类源	Ⅱ类源	Ⅲ类源	Ⅳ类源	Ⅴ类源
Cd-109	$\geqslant 2\times10^{16}$	$\geqslant 2\times10^{14}$	$\geqslant 2\times10^{13}$	$\geqslant 2\times10^{11}$	$\geqslant 1\times10^{6}$
Ce-141	$\geqslant 1\times10^{15}$	$\geqslant 1\times10^{13}$	$\geqslant 1\times10^{12}$	$\geqslant 1\times10^{10}$	$\geqslant 1\times10^{7}$
Ce-144	$\geqslant 9\times10^{14}$	$\geqslant 9\times10^{12}$	$\geqslant 9\times10^{11}$	$\geqslant 9\times10^{9}$	$\geqslant 1\times10^{5}$
Cf-252	$\geqslant 2\times10^{13}$	$\geqslant 2\times10^{11}$	$\geqslant 2\times10^{10}$	$\geqslant 2\times10^{8}$	$\geqslant 1\times10^{4}$
Cl-36	$\geqslant 2\times10^{16}$	$\geqslant 2\times10^{14}$	$\geqslant 2\times10^{13}$	$\geqslant 2\times10^{11}$	$\geqslant 1\times10^{6}$
Cm-242	$\geqslant 4\times10^{13}$	$\geqslant 4\times10^{11}$	$\geqslant 4\times10^{10}$	$\geqslant 4\times10^{8}$	$\geqslant 1\times10^{5}$
Cm-244	$\geqslant 5\times10^{13}$	$\geqslant 5\times10^{11}$	$\geqslant 5\times10^{10}$	$\geqslant 5\times10^{8}$	$\geqslant 1\times10^{4}$
Co-57	$\geqslant 7\times10^{14}$	$\geqslant 7\times10^{12}$	$\geqslant 7\times10^{11}$	$\geqslant 7\times10^{9}$	$\geqslant 1\times10^{6}$
Co-60	$\geqslant 3\times10^{13}$	$\geqslant 3\times10^{11}$	$\geqslant 3\times10^{10}$	$\geqslant 3\times10^{8}$	$\geqslant 1\times10^{5}$
Cr-51	$\geqslant 2\times10^{15}$	$\geqslant 2\times10^{13}$	$\geqslant 2\times10^{12}$	$\geqslant 2\times10^{10}$	$\geqslant 1\times10^{7}$
Cs-134	$\geqslant 4\times10^{13}$	$\geqslant 4\times10^{11}$	$\geqslant 4\times10^{10}$	$\geqslant 4\times10^{8}$	$\geqslant 1\times10^{4}$
Cs-137	$\geqslant 1\times10^{14}$	$\geqslant 1\times10^{12}$	$\geqslant 1\times10^{11}$	$\geqslant 1\times10^{9}$	$\geqslant 1\times10^{4}$
Eu-152	$\geqslant 6\times10^{13}$	$\geqslant 6\times10^{11}$	$\geqslant 6\times10^{10}$	$\geqslant 6\times10^{8}$	$\geqslant 1\times10^{6}$
Eu-154	$\geqslant 6\times10^{13}$	$\geqslant 6\times10^{11}$	$\geqslant 6\times10^{10}$	$\geqslant 6\times10^{8}$	$\geqslant 1\times10^{6}$
Fe-55	$\geqslant 8\times10^{17}$	$\geqslant 8\times10^{15}$	$\geqslant 8\times10^{14}$	$\geqslant 8\times10^{12}$	$\geqslant 1\times10^{6}$
Gd-153	$\geqslant 1\times10^{15}$	$\geqslant 1\times10^{13}$	$\geqslant 1\times10^{12}$	$\geqslant 1\times10^{10}$	$\geqslant 1\times10^{7}$
Ge-68	$\geqslant 7\times10^{14}$	$\geqslant 7\times10^{12}$	$\geqslant 7\times10^{11}$	$\geqslant 7\times10^{9}$	$\geqslant 1\times10^{5}$
H-3	$\geqslant 2\times10^{18}$	$\geqslant 2\times10^{16}$	$\geqslant 2\times10^{15}$	$\geqslant 2\times10^{13}$	$\geqslant 1\times10^{9}$
Hg-203	$\geqslant 3\times10^{14}$	$\geqslant 3\times10^{12}$	$\geqslant 3\times10^{11}$	$\geqslant 3\times10^{9}$	$\geqslant 1\times10^{5}$
I-125	$\geqslant 2\times10^{14}$	$\geqslant 2\times10^{12}$	$\geqslant 2\times10^{11}$	$\geqslant 2\times10^{9}$	$\geqslant 1\times10^{6}$
I-131	$\geqslant 2\times10^{14}$	$\geqslant 2\times10^{12}$	$\geqslant 2\times10^{11}$	$\geqslant 2\times10^{9}$	$\geqslant 1\times10^{6}$
Ir-192	$\geqslant 8\times10^{13}$	$\geqslant 8\times10^{11}$	$\geqslant 8\times10^{10}$	$\geqslant 8\times10^{8}$	$\geqslant 1\times10^{4}$
Kr-85	$\geqslant 3\times10^{16}$	$\geqslant 3\times10^{14}$	$\geqslant 3\times10^{13}$	$\geqslant 3\times10^{11}$	$\geqslant 1\times10^{4}$
Mo-99	$\geqslant 3\times10^{14}$	$\geqslant 3\times10^{12}$	$\geqslant 3\times10^{11}$	$\geqslant 3\times10^{9}$	$\geqslant 1\times10^{6}$
Nb-95	$\geqslant 9\times10^{13}$	$\geqslant 9\times10^{11}$	$\geqslant 9\times10^{10}$	$\geqslant 9\times10^{8}$	$\geqslant 1\times10^{6}$
Ni-63	$\geqslant 6\times10^{16}$	$\geqslant 6\times10^{14}$	$\geqslant 6\times10^{13}$	$\geqslant 6\times10^{11}$	$\geqslant 1\times10^{8}$
Np-237 (Pa-233)	$\geqslant 7\times10^{13}$	$\geqslant 7\times10^{11}$	$\geqslant 7\times10^{10}$	$\geqslant 7\times10^{8}$	$\geqslant 1\times10^{3}$
P-32	$\geqslant 1\times10^{16}$	$\geqslant 1\times10^{14}$	$\geqslant 1\times10^{13}$	$\geqslant 1\times10^{11}$	$\geqslant 1\times10^{5}$
Pd-103	$\geqslant 9\times10^{16}$	$\geqslant 9\times10^{14}$	$\geqslant 9\times10^{13}$	$\geqslant 9\times10^{11}$	$\geqslant 1\times10^{8}$
Pm-147	$\geqslant 4\times10^{16}$	$\geqslant 4\times10^{14}$	$\geqslant 4\times10^{13}$	$\geqslant 4\times10^{11}$	$\geqslant 1\times10^{7}$

续表 7-2

核素名称	Ⅰ类源	Ⅱ类源	Ⅲ类源	Ⅳ类源	Ⅴ类源
Po-210	$\geq 6\times 10^{13}$	$\geq 6\times 10^{11}$	$\geq 6\times 10^{10}$	$\geq 6\times 10^{8}$	$\geq 1\times 10^{4}$
Pu-238	$\geq 6\times 10^{13}$	$\geq 6\times 10^{11}$	$\geq 6\times 10^{10}$	$\geq 6\times 10^{8}$	$\geq 1\times 10^{4}$
Pu-239/Be	$\geq 6\times 10^{13}$	$\geq 6\times 10^{11}$	$\geq 6\times 10^{10}$	$\geq 6\times 10^{8}$	$\geq 1\times 10^{4}$
Pu-239	$\geq 6\times 10^{13}$	$\geq 6\times 10^{11}$	$\geq 6\times 10^{10}$	$\geq 6\times 10^{8}$	$\geq 1\times 10^{4}$
Pu-240	$\geq 6\times 10^{13}$	$\geq 6\times 10^{11}$	$\geq 6\times 10^{10}$	$\geq 6\times 10^{8}$	$\geq 1\times 10^{3}$
Pu-242	$\geq 7\times 10^{13}$	$\geq 7\times 10^{11}$	$\geq 7\times 10^{10}$	$\geq 7\times 10^{8}$	$\geq 1\times 10^{4}$
Ra-226	$\geq 4\times 10^{13}$	$\geq 4\times 10^{11}$	$\geq 4\times 10^{10}$	$\geq 4\times 10^{8}$	$\geq 1\times 10^{4}$
Re-188	$\geq 1\times 10^{15}$	$\geq 1\times 10^{13}$	$\geq 1\times 10^{12}$	$\geq 1\times 10^{10}$	$\geq 1\times 10^{5}$
Ru-103 （Rh-103m）	$\geq 1\times 10^{14}$	$\geq 1\times 10^{12}$	$\geq 1\times 10^{11}$	$\geq 1\times 10^{9}$	$\geq 1\times 10^{6}$
Ru-106 （Rh-106）	$\geq 3\times 10^{14}$	$\geq 3\times 10^{12}$	$\geq 3\times 10^{11}$	$\geq 3\times 10^{9}$	$\geq 1\times 10^{5}$
S-35	$\geq 6\times 10^{16}$	$\geq 6\times 10^{14}$	$\geq 6\times 10^{13}$	$\geq 6\times 10^{11}$	$\geq 1\times 10^{8}$
Se-75	$\geq 2\times 10^{14}$	$\geq 2\times 10^{12}$	$\geq 2\times 10^{11}$	$\geq 2\times 10^{9}$	$\geq 1\times 10^{6}$
Sr-89	$\geq 2\times 10^{16}$	$\geq 2\times 10^{14}$	$\geq 2\times 10^{13}$	$\geq 2\times 10^{11}$	$\geq 1\times 10^{6}$
Sr-90 （Y-90）	$\geq 1\times 10^{15}$	$\geq 1\times 10^{13}$	$\geq 1\times 10^{12}$	$\geq 1\times 10^{10}$	$\geq 1\times 10^{4}$
Tc-99^{m}	$\geq 7\times 10^{14}$	$\geq 7\times 10^{12}$	$\geq 7\times 10^{11}$	$\geq 7\times 10^{9}$	$\geq 1\times 10^{7}$
Te-132 （I-132）	$\geq 3\times 10^{13}$	$\geq 3\times 10^{11}$	$\geq 3\times 10^{10}$	$\geq 3\times 10^{8}$	$\geq 1\times 10^{7}$
Th-230	$\geq 7\times 10^{13}$	$\geq 7\times 10^{11}$	$\geq 7\times 10^{10}$	$\geq 7\times 10^{8}$	$\geq 1\times 10^{4}$
Tl-204	$\geq 2\times 10^{16}$	$\geq 2\times 10^{14}$	$\geq 2\times 10^{13}$	$\geq 2\times 10^{11}$	$\geq 1\times 10^{4}$
Tm-170	$\geq 2\times 10^{16}$	$\geq 2\times 10^{14}$	$\geq 2\times 10^{13}$	$\geq 2\times 10^{11}$	$\geq 1\times 10^{6}$
Y-90	$\geq 5\times 10^{15}$	$\geq 5\times 10^{13}$	$\geq 5\times 10^{12}$	$\geq 5\times 10^{10}$	$\geq 1\times 10^{5}$
Y-91	$\geq 8\times 10^{15}$	$\geq 8\times 10^{13}$	$\geq 8\times 10^{12}$	$\geq 8\times 10^{10}$	$\geq 1\times 10^{6}$
Yb-169	$\geq 3\times 10^{14}$	$\geq 3\times 10^{12}$	$\geq 3\times 10^{11}$	$\geq 3\times 10^{9}$	$\geq 1\times 10^{7}$
Zn-65	$\geq 1\times 10^{14}$	$\geq 1\times 10^{12}$	$\geq 1\times 10^{11}$	$\geq 1\times 10^{9}$	$\geq 1\times 10^{6}$
Zr-95	$\geq 4\times 10^{13}$	$\geq 4\times 10^{11}$	$\geq 4\times 10^{10}$	$\geq 4\times 10^{8}$	$\geq 1\times 10^{6}$

注：1. Am-241 用于固定式烟雾报警器时的豁免值为 1×10^{5}Bq。

2. 核素份额不明的混合源，按其危险度最大的核素分类，其总活度视为该核素的活度。

（3）非密封源分类。上述放射源分类原则对非密封源适用。

非密封源工作场所按放射性核素日等效最大操作量分为甲、乙、丙三级，具体分级标准见《电离辐射防护与辐射源安全标准》（GB 18871—2002）。

甲级非密封源工作场所的安全管理参照Ⅰ类放射源。

乙级和丙级非密封源工作场所的安全管理参照Ⅱ、Ⅲ类放射源。

7.2　放射性同位素与射线装置使用安全

科研用放射性同位素分为α源、β源和γ源，且主要为密封源。在使用过程中应注意以下事项：

（1）放射性同位素与射线装置的贮存、使用场所应贴有明确的放射性警示标志。其中射线装置一般都设置了安全联锁、报警装置以及工作显示信号，应定期检查是否处于正常工作状态，当心电离辐射警示标志如图7-1所示。

图7-1　当心电离辐射警示标志

（2）放射性同位素应有单独的贮存场所，不得与易燃、易爆物品放置一处，且应有防火防盗功能，避免放射源丢失、被盗。在工作结束后应检查门窗是否关闭。

（3）放射源的移动不能用手直接拿取，对于α源、β源应用镊子夹住放射源进行移动，防止密封源破损引起手部放射性表面污染。对于γ源应用专用操作杆进行操作，并在放射源取出之前，利用铅砖搭建临时辐射屏蔽。图7-2为放射源专用操作杆。

（4）放射源在使用过程中应在使用人的视线范围之内，其中γ放射源在使用过程中还应标出控制区域，防止其他人员误照射。

（5）放射源的贮存、领取、使用、归还应当进行登记、检查，做到当日领取当日归还，严禁放射源在贮存场所外过夜。定期进行盘存，确保其处于指定场

图 7-2 放射源专用操作杆

所，具有可靠的安全保障。放射源贮存应有良好的辐射屏蔽作用，贮存场所或设施外 30cm 处辐射剂量率水平应为本底值。

（6）不得随意更改或拆除射线装置的出厂屏蔽体，因为科研需要确需更改或拆除的，应在厂家的指导下进行，并在第一次开机运行时进行辐射剂量率监测，发现异常立即停机。

（7）使用放射源及射线装置的人员必须进行辐射安全培训，并进行考核取得培训证书，考核不合格不得上岗。

（8）取得辐射安全培训证书的人员，需要每四年接受一次再培训，不参加再培训或者再培训考核不合格的人员，其辐射安全培训证书自动失效。

（9）现行国家辐射防护剂量限值为：对于职业照射，连续 5 年的年平均有效剂量为 20mSv，其中每年不超过 50mSv。但在核技术利用领域环评规定，平均每年不超过 5mSv。

（10）辐射对人体的损伤分为确定性效应和随机效应，确定性效应是在较大剂量辐射照射全部组织或者局部组织的情况下引起严重的功能损伤；随机性效应一般是小剂量长时间的照射，引起受照者致癌、致畸以及后代遗传性异常，发生的概率与剂量成正比，所以在进行科研过程中，尽可能避免不必要地照射。确定性效应和随机效应示意图如图 7-3 所示。

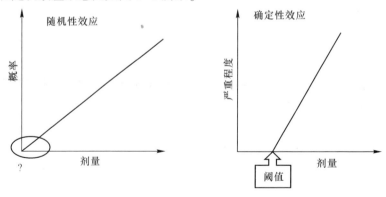

图 7-3 确定性效应和随机效应示意图

（11）人体不同组织对辐射的敏感程度是不一样的，大致有以下顺序：

1）高度敏感组织：淋巴组织、胸腺、骨髓、胃肠上皮、性腺、胚胎组织等。

2）中度敏感组织：感觉器官（角膜、晶状体、结膜）、内皮细胞、皮肤上皮、唾液腺、肾肝肺组织上皮细胞。

3）轻度敏感组织：中枢神经系统、内分泌、心脏。

4）不敏感组织：肌肉组织、软骨和骨组织、结缔组织。

在进行科研实验中，如果辐射剂量率较高，可用铅围巾或铅衣遮挡身体敏感部位。

（12）个人剂量计用来检测工作人员受到辐射剂量的大小，一般3个月送第三方检测机构检测1次，在设备调试期间，要求1个月检测1次，个人剂量计分解图如图7-4所示。在比较均匀的辐射场，当辐射主要来自前方时，剂量计应佩戴在左胸前，当辐射来自背面时，剂量计应佩戴在背部中间。

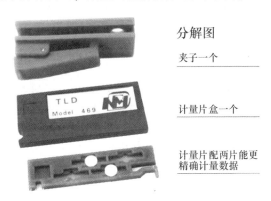

图7-4 个人剂量计分解图

（13）个人剂量计在非工作时间必须避免受到其他人工辐射照射，比如过各类安检仪，都会导致剂量计检测结果偏高。在工作过程中应随身佩戴，禁止放在机器上面。

（14）辐射剂量监测管理所内要建立辐射剂量管理档案，应保存至工作人员年满75周岁，或者停止辐射工作30年。

（15）使用α、β放射源的实验室，应配备α、β表面污染监测仪表，在每次使用后监测实验工作台及手部是否受到放射性表面污染。

（16）使用Ⅲ射线的实验室，应配备γ辐射监测仪表，其中大连相干光源需要配备γ、中子辐射监测仪表，避免机器故障引起辐射异常。

（17）辐射监测仪表必须按照要求，每年在计量站进行检定，保障仪表处于正常工作状态。

（18）按照要求每年请第三方检测机构对辐射工作场所剂量率水平进行检测，并出具 CMA 报告。

7.3 事故应急报告与处理

辐射事故，是指放射源丢失、被盗、失控事故；或者放射性同位素和射线装置失控导致人员受到异常照射的事故。

根据辐射事故的性质、严重程度、可控性和影响范围等因素，从重到轻将辐射事故分为特别重大辐射事故、重大辐射事故、较大辐射事故和一般辐射事故四个等级。

特别重大辐射事故，是指Ⅰ类、Ⅱ类放射源丢失、被盗、失控造成大范围严重辐射污染后果，或者放射性同位素和射线装置失控导致 3 人以上（含 3 人）急性死亡。

重大辐射事故，是指Ⅰ类、Ⅱ类放射源丢失、被盗、失控，或者放射性同位素和射线装置失控导致 2 人以下（含 2 人）急性死亡或者 10 人以上（含 10 人）急性重度放射病、局部器官残疾。

较大辐射事故，是指Ⅲ类放射源丢失、被盗、失控，或者放射性同位素和射线装置失控导致 9 人以下（含 9 人）急性重度放射病、局部器官残疾。

一般辐射事故，是指Ⅳ类、Ⅴ类放射源丢失、被盗、失控，或者放射性同位素和射线装置失控导致人员受到超过年剂量限值的照射。

发生辐射事故时，应当立即向本单位安全管理部门报告，由本单位安全管理部门根据辐射事故应急方案，采取必要防范措施，并在 2 小时内填写《辐射事故初始报告表》（见表 7-3），向辐射监督部门和公安部门报告。

表 7-3　辐射事故初始报告表

事故单位名称				（公章）	
法定代表人		地　址			邮　编
电话		传真		联系人	
许可证号		许可证审批机关			
事故发生时间		事故发生地点			
事故类型	人员受照　人员污染		受照人数		受污染人数
	丢失　被盗　失控		事故源数量		
	放射性污染		污染面积（m²）		

序号	事故源核素名称	出厂活度（Bq）	出厂日期	放射源编码	事故时活度（Bq）	非密封放射性物质状态（固/液态）

序号	射线装置名称	型号	生产厂家	设备编号	所在场所	主要参数①

事故经过情况						

报告人签字		报告时间		年 月 日 时 分		

①射线装置的"主要参数"是指 X 射线机的电流（mA）和电压（kV）、加速器线束能量等主要性能参数。

造成或可能造成人员超剂量照射的，还应同时向当地卫生行政部门报告。

Ⅴ类放射源和Ⅲ类射线装置使用单位，可能发生的辐射事故为放射源的丢失、被盗以及射线装置失控导致人员超剂量照射的一般辐射事故。在科研生产工作中要严格执行放射源的出借、登记流程，射线装置要定期检查安全联锁系统是否可用。

Ⅰ类射线装置除了要求运行人员参加中级辐射安全培训外，也必须由辐射安全专职人员介绍装置的安全联锁系统、开机流程、辐射监测系统后，才能上岗。

7.4 案例分析

由于电离辐射看不见、摸不着，即使受到超剂量照射，也不会立即感觉身体不适，不像一般的工业事故，比如：着火、爆炸可以立即感受到，它具有非常高的隐蔽性，往往发现的时候已经造成了辐射事故。由于公众对辐射事故与核事故认识概念混淆，一般发生辐射事故往往会引起大面积恐慌。

现选取两个辐射事故的典型案例，引起大家注意。

（1）放射源丢失事故。

1）事故经过：2014 年某公司在探伤作业时，丢失用于探伤的放射源铱-192 一枚。接到企业报案后，所在市立即启动辐射事故应急预案，并将丢失的放射源

锁定在 $2m^2$ 范围内。3 日后放射源被找到，污染威胁被消除。

2）事故原因：作业工人未进行辐射安全培训，属于无资质操作。

（2）射线装置辐射事故。

1）事故经过：某公司临时外聘两名维修人员对辐照室外电机进行维修，在公司工作人员就餐间歇期间（加速器停运），两名电机维修人员进入辐照室。半个多小时后该公司操作工就餐完毕后未进行安全巡检即启动电子加速器，造成两名电机维修人员受照，该公司随即将两名受照人员送往专业医院诊治。

2）事故原因：操作人员未取得辐射安全许可证属于无证操作；未按照操作规程在开机前进行安全巡检，安全意识淡薄；安全联锁门禁系统故障，被临时旁路。

7.5 大连化物所辐射安全具体要求及规章制度

大连化物所根据相关法律、法规，结合本所实际情况，制定了一套辐射安全管理要求，具体见表7-4。

表 7-4 辐射安全具体要求

项目	管理要求
总体要求	1. 放射源和射线装置归环保局统一管理，购置实行审批制度。拟购置放射源和射线装置时，应与安全管理部门联系，以邮件方式将相关信息发送给安全管理部门辐射安全管理人员，未经审批不得私自购入。 2. 研究组每年度应开展一次放射源和射线装置安全检查
放射源管理	1. 放射源购置前，需开展环评，并取得环保局审批意见，未经审批不得私自转入。 2. 废弃旧源不得随意处置，必须联系安全管理部门办理相关报废审批，并委托专业公司运输处置。 3. 放射源的存放场所应充分考虑其安全性，防止被盗，闲置放射源必须放置在保险柜中，并设置双门双锁和防侵入报警系统。 4. 存放和使用放射源的场所，应根据放射源实际情况做好现场防护，保证设备周围区域射线强度符合国家标准，同时在醒目位置设置"当心电离辐射"警告标志。 5. 使用多枚放射源的研究组需建立放射源台账，使用时需有领用记录，确保放射源始终处于可控范围内
射线装置管理	1. 射线装置购置前，需通知安全管理部门辐射安全管理人员，核定购置设备是否豁免，未豁免设备需在环保局办理审批登记手续。 2. 射线装置明显位置需张贴警示标志。 3. 未豁免射线装置需定期开展环境评估，Ⅰ类装置每年评估一次、Ⅲ类装置每两年评估一次
放射工作人员管理	1. 定期参加专业培训，取得《辐射安全工作人员许可证》，该许可证有效期为 4 年。 2. 每年参加职业健康体检，体检合格方可从事该工作。 3. 日常工作中需佩戴个人剂量笔，并每季度检测一次

8 实验室职业卫生管理

8.1 职业卫生常识

职业病是指企业、事业单位和个体经济组织的劳动者在职业活动中，因接触粉尘、放射性物质和其他有毒、有害物质等因素而引起的疾病。

职业病分为职业性尘肺病及其他呼吸系统疾病、职业性皮肤病、职业性眼病、职业性耳鼻喉口腔疾病、职业性化学中毒、物理因素所致职业病、职业性放射性疾病、职业性传染病、职业性肿瘤、其他职业病，共计 10 类 132 种。

职业病危害因素是指职业活动中产生或存在的，可能对职业人群健康、安全和作业能力造成不良影响的因素或条件，包括化学、物理、生物等因素。

职业危害防护设施是指消除或者降低工作场所的职业病危害因素的浓度或强度，预防和减少职业病危害对劳动者健康的损害或影响，保护劳动者健康的设备、设施、装置、建（构）筑物等的总称。

职业禁忌是指劳动者从事特定职业或者接触特定职业病危害因素时，比一般职业人群更易于遭受职业病危害和罹患职业病或者可能导致原有自身疾病病情加重，或者在从事作业过程中诱发可能导致对他人生命健康构成危险的疾病的个人特殊生理或者病理状态。

职业健康体检是指评估工作中接触的职业病危害因素对人体健康的影响，分为岗前、在岗、离岗、应急四类。职业健康体检内容与接触的职业病危害因素有关，结果的评价标准与普通健康体检的评价标准不同。

职业接触限值是指劳动者在职业活动过程中长期反复接触，对绝大多数接触者的健康不引起有害作用的容许接触水平，是职业性有害因素的接触限制量值。

8.2 职业病危害因素

8.2.1 职业病危害因素分类

8.2.1.1 化学因素

在生产中接触到的原料、中间产品、成品，以及生产过程中的废气、废水、废渣中的化学毒物均可对健康产生损害。主要经呼吸道进入体内，还可经皮肤、消化道进入体内。

化学因素共计 375 项（数据来源《职业病危害因素分类目录》），常见的化学因素包括以下几类：

（1）金属及类金属。常见的如铅、汞、砷、镉、锰等。

（2）刺激性气体。常见的如氯气、氮氧化物、氨、光气、氟化氢等。

（3）窒息性气体。常见的如一氧化碳、硫化氢、氰化氢、甲烷等。

（4）有机溶剂。常见的如苯及其同系物、二氯乙烷、二硫化碳、溶剂汽油等。

（5）苯的氨基和硝基化合物。常见的如苯胺、三硝基甲苯。

（6）高分子化合物。常见的如氯乙烯、丙烯腈、含氟塑料、二异氰酸甲苯酯。

（7）农药。常见的如有机磷酸酯类农药、拟除虫菊酯类农药、百草枯。

8.2.1.2　粉尘

粉尘共计 52 项（数据来源《职业病危害因素分类目录》），主要包括以下几类：

（1）无机性粉尘。常见的如铝、铁、石英、石棉、滑石、煤、水泥、玻璃纤维等。

（2）有机性粉尘。常见的如木尘、烟草、棉、麻、谷物、角粉、骨质等。

（3）合成材料粉尘。常见的如填料、增塑剂、稳定剂、色素及其他添加剂等。

8.2.1.3　物理因素

物理因素共计 15 项（数据来源《职业病危害因素分类目录》），主要包括如下几类：

（1）异常气象条件。如高温、低温、高湿、高气压、低气压。

（2）噪声。

（3）振动。

（4）非电离辐射。如超高频辐射、高频电磁场、微波、紫外线、激光等。

（5）电离辐射。如 X 射线、γ 射线等。

8.2.1.4　放射性因素

放射性因素共计 8 项（数据来源《职业病危害因素分类目录》）。放射性因素包括密封放射源产生的电离辐射、非密封放射性物质、X 射线装置（含 CT 机）产生的电离辐射、加速器产生的电离辐射、中子发生器产生的电离辐射、氡及其短寿命子体、铀及其化合物以及以上未提及的可导致职业病的其他放射性因素。

8.2.1.5 生物因素

生物因素共计6项（数据来源《职业病危害因素分类目录》）。生物因素主要是生产原料和作业环境中存在的致病微生物或寄生虫，包括艾滋病病毒（限于医疗卫生人员及人民警察）、伯氏疏螺旋体、炭疽芽孢杆菌、布鲁氏菌、森林脑炎病毒以及以上未提及的可导致职业病的其他生物因素。

8.2.1.6 其他因素

其他因素共计3项（数据来源《职业病危害因素分类目录》）。其他因素包括金属烟、井下不良作业条件（限于井下工人）、刮研作业（限于手工刮研作业人员）。

8.2.2 常见职业病危害因素对人体健康的影响

通常引起职业病危害因素侵入人体的途径有4种：

（1）从呼吸道侵入：这是最常见也是最重要的途径。凡是气体、液体、粉尘、烟雾等都可以通过呼吸道侵入人体，引发职业病，例如采矿、洗煤、石粉加工等产生的尘肺职业病。

（2）从皮肤、黏膜侵入：某些职业病危害因素可以通过皮肤黏膜侵入人体，例如从事X射线操作以及其他放射线工作，如果防护不到位，或者出现射线泄漏，都会造成疾病发生。

（3）从破损伤口侵入：很多有毒有害物质会通过身体破损及伤口位置侵入人体，人体吸收了这些有毒物质就会引发疾病。

（4）从消化道侵入：从消化道侵入人体的职业病一般不多见，主要是因为不注意个人卫生食用毒物污染过的食品，例如蓄电池厂的工人以及橡胶制品厂操作人员，都会因此引发铅中毒。

常见职业危害因素对人体健康的危害见表8-1。

8.2.3 职业危害因素监测

《中华人民共和国职业病防治法》第二十六条指出"用人单位应当实施由专人负责的职业病危害因素日常监测，并确保监测系统处于正常运行状态。用人单位应当按照国务院卫生行政部门的规定，定期对工作场所进行职业病危害因素监测、评价。"

为做好职业危害监测工作，使作业场所职业危害因素的强度或浓度符合国家职业卫生标准，有效预防职业危害，切实保障工作人员健康，各部门应遵守如下规定。

表8-1 常见职业危害因素对人体健康的危害

有害因素	理化性质	对人体健康的危害	可能导致的职业病
氢氧化钠	别名：苛性钠，烧碱，火碱，固碱。分子式：NaOH。分子量：40.01。熔点：318.4℃。密度：相对密度（水＝1）2.12。溶解性：易溶于水、乙醇、甘油，不溶于丙酮。稳定性：稳定。外观与性状：白色不透明固体，易潮解，危险标记：20（碱性腐蚀品）。用途：用于肥皂工业、石油精炼、造纸、人造丝、染色、制革、医药、有机合成等	侵入途径：吸入、食入。健康危害：本品有强烈刺激和腐蚀性。粉尘或烟雾刺激眼和呼吸道，腐蚀鼻中隔；皮肤和眼直接接触可引起激眼和呼吸道灼伤，误服可造成消化道灼伤，黏膜糜烂、出血和休克	职业性化学性皮肤灼伤；职业性接触性皮炎
臭氧	分子式：O₃。外观与性状：无至浅蓝色，有特殊的腥味，有特殊的腥味。液态臭氧呈深蓝色，固态臭氧呈紫黑色。分子量：48.00。沸点：-112℃。熔点：-193℃。溶解性：不溶于水。相对密度（水＝1）1.71（-183℃）。稳定性：不稳定，在空气中会慢慢分解为氧气。主要用途：用于水的消毒和空气的臭氧化，在化学工业中用作强氧化剂	侵入途径：吸入。健康危害：本品具有强氧化能力，对眼睛有强刺激作用。吸入后引起咳嗽、咯痰、胸部紧束感、高浓度吸入引起肺水肿，长期接触可引起支气管炎、强支气管炎，甚至并发肺硬化	职业性急性化学性中毒性呼吸系统疾病
硫酸	别名：磺镪水。分子式：H₂SO₄。外观与性状：纯品为无色透明油状液体，无臭。分子量：98.08。蒸汽压：0.13kPa（145.8℃）。熔点：10.5℃。沸点：330.0℃。溶解性：与水混溶，相对密度（水＝1）1.83；相对密度（空气＝1）3.4。稳定性：稳定。危险性腐蚀性：20（酸性腐蚀品）。主要用途：用于生产化学肥料，在化工、医药、塑料、染料、石油提炼等工业也有广泛的应用	侵入途径：吸入、食入。主要使组织脱水，蛋白质凝固，可造成局部坏死。对呼吸道作用部位因吸入浓度和雾滴大小而不同。人的嗅觉阈为1mg/m³，2mg/m³浓度可引起鼻、咽部刺激感；6~8mg/m³引起剧烈咳嗽。口服浓硫酸1mL可致死。健康危害：对皮肤、黏膜等组织有强烈的刺激和腐蚀作用。对眼睛可引起结膜炎、水肿、角膜混浊，以致失明。引起呼吸道刺激症状，重者发生呼吸困难和肺水肿；高浓度引起喉痉挛或声门水肿而死亡。口服后引起消化道烧伤以至溃疡形成。严重者可有胃穿孔、腹膜炎、喉头水肿和声门水肿、肾损害、休克等。慢性影响有牙齿酸蚀症、慢性支气管炎、肺气肿和肺硬化	职业性牙酸蚀病、职业性化学性眼灼伤、职业性化学性皮肤灼伤、职业性接触性皮炎、职业性急性化学物中毒后遗症

续表 8-1

有害因素	理化性质	对人体健康的危害	可能导致的职业病
硝酸	别名：白雾硝酸、红雾硝酸、硝镪水。分子式：HNO₃。外观与性状：纯品为无色透明发烟液体，有酸味。分子量：63.01。沸点：86℃。熔点：-42℃/无水。蒸汽压：4.4kPa（20℃）。溶解性：与水混溶。相对密度（水=1）1.50（无水）；相对密度（空气=1）2.17。稳定性：稳定。危险标记：20（酸性腐蚀品）。主要用途：用途极广，主要用于化肥、染料、固防、炸药、冶金、医药等工业	侵入途径：吸入，食入。健康危害：其蒸气有刺激作用，引起粘膜和上呼吸道的刺激症状，如流泪、咽喉刺激感，呛咳，并伴有头痛、头晕、胸闷闷等。长期接触可引起牙齿酸蚀症，皮肤接触引起灼伤。口服上消化道刺痛，烧灼伤以至形成溃疡；严重者可能有胃穿孔、腹膜炎、喉痉挛、休克以至窒息等	职业性急性化学物中毒、职业性急性呼吸系统疾病、化学性眼灼伤、职业性化学性皮肤灼伤
一氧化碳	分子式：CO。分子量：28.01。熔点：-199.1℃。沸点：-191℃。相对密度（水=1）0.79。密度（空气=1）309kPa/-180℃。闪点：<-50℃。溶解性：微溶于水，溶于乙醇、苯等多种有机溶剂。稳定性：稳定。外观与性状：无色无臭气体（易燃气体）。危险标记：4（易燃气体）。主要用途：主要用于化学合成，如合成甲醇、光气等，用作精炼金属的还原剂	侵入途径：吸入。健康危害：一氧化碳在血中与血红蛋白结合而造成组织缺氧。急性中毒：轻度中毒者出现头痛、头晕、耳鸣、心悸、恶心、呕吐、无力。中度中毒者除上述症状外，还有面色潮红、口唇樱红、脉快、意识模糊、步态不稳、甚至昏迷。重度患者昏迷不醒、瞳孔缩小、肌张力增加，频繁抽搐；一氧化碳中毒可致神经和心血管系统损害。慢性影响：长期反复吸入一定量的一氧化碳可致神经和心血管系统损害	职业性急性一氧化碳中毒、职业性急性化学物中毒、职业性心脏病、职业性猝死、职业性急性中毒后遗症
氮氧化物	一氧化氮。分子式：NO。分子量：30.01。熔点：-163.6℃。相对密度（水=1）1.27/（-151℃）。溶解性：微溶于水。稳定性：不稳定。外观与性状：无色气体。危险标记：6（有毒气体）。用途：制硝酸，人	侵入途径：吸入。健康危害：氮氧化物主要损害呼吸道。吸入初期仅有轻微的眼及上呼吸道刺激症状，如咽部不适、干咳等。常经数小时至十几小时或更长时间潜伏期后发生迟发性肺	职业性急性氮氧化物中毒、职业性化学源性猝死、职业性急性中毒后遗症

续表8-1

有害因素	理化性质	对人体健康的危害	可能导致的职业病
氮氧化物	造丝漂白剂，丙烯及二甲醚的安定剂。二氧化氮。分子式：NO_2。分子量：46.01。蒸汽压：101.32kPa（22℃）。熔点：-9.3℃。沸点：22.4℃。溶解性：溶于水。密度：相对密度（水=1）1.45；相对密度（空气=1）3.2。稳定性：稳定。外观与性状：黄褐色液体或气体，有刺激性气味。危险标记：6（有毒气体），38（氧化剂）。主要用途：用于制硝酸、硝化剂、氧化剂、催化剂、丙烯酸酯聚合抑制剂等	水肿，成人呼吸窘迫综合征，出现胸闷，呼吸窘迫，咳嗽，咯泡沫痰，紫绀等。可并发气胸及纵隔气肿，肺消退后两周左右可出现迟发性呼吸道炎症。慢性影响：主要表现为神经衰弱综合征及慢性呼吸道炎症。个别病例出现肺纤维化。可引起牙齿酸蚀症	
氢氟酸	别名：氟氢酸。分子式：HF。或气体。分子量：20.01。熔点：-83.7℃。沸点：19.5℃。溶解性：易溶于水。密度：相对密度（水=1）1.15；相对密度（空气=1）1.27。稳定性：稳定。危险标记：20（酸性腐蚀品）。主要用途：用于蚀刻玻璃，以及制氟化合物	侵入途径：吸入，食入。健康危害：对呼吸道黏膜及皮肤有强烈的刺激和腐蚀作用；吸入高浓度的氟化氢可引起支气管炎和肺炎；吸收后可产生全身的毒作用，还可导致氟骨症。急性中毒：接触高浓度氟化氢，可引起眼及呼吸道黏膜刺激症状，严重者可发生支气管炎、肺炎，甚至产生反射性窒息。慢性中毒：引起鼻、咽、喉慢性炎症，骨骼损害可引起氟骨病，氟化氢能穿透皮肤向深层渗透，形成环死和溃疡，且不易治愈	职业性氟及其无机化合物中毒，职业性急性化学物中毒性多器官功能障碍综合征，职业性急性化学物中毒后遗症，职业性化学性眼灼伤，职业性化学性皮肤灼伤，职业性牙酸蚀病
氨	别名：氨气（液氨）。分子式：NH_3。分子量：17.03。熔点：-77.7℃。沸点：-33.5℃。蒸汽压：4.7℃。溶解性：易溶于水、乙醇、乙醚。稳定性：稳定。外观与性状：无色有刺激性恶臭的气体。危险标记：6（有毒气体）。用途：用作制冷剂及制氨盐和氮肥	侵入途径：吸入。健康危害：低浓度氨对黏膜有刺激作用，高浓度可造成组织溶解坏死。急性中毒：轻度者出现流泪、咽痛、声音嘶哑、咳嗽、咯痰、眼结膜、鼻黏膜、咽部充血，水肿，中度中毒上述症状加剧，出现呼吸困难，紫绀；严重者可发生中	职业性急性氨中毒，职业性急性化学物中毒性呼吸系统疾病，职业性急性化学物中毒后遗症

续表 8-1

有害因素	理化性质	对人体健康的危害	可能导致的职业病
氨		毒性肺水肿,或有呼吸窘迫综合征,患者剧烈咳嗽,咯大量粉红色泡沫痰。呼吸窘迫,谵妄,昏迷,休克等。可发生喉头水肿或支气管黏膜坏死脱落窒息。高浓度氨可引起反射性呼吸停止。液氨或高浓度氨可致眼灼伤;可引起反射性致皮肤灼伤	
硫化氢	别名:氢硫酸。分子式:H_2S。外观与性状:无色有恶臭气体。分子量:34.08。蒸汽压:2026.5kPa/25.5℃。熔点:-85.5℃。沸点:-60.4℃。溶解性:溶于水,乙醇,相对密度(空气=1)1.19。闪点:<-50℃。相对密度(水=1)。危险标记4(易燃气体)。主要用途:用于化性:稳定,稳定性:用于分析如鉴定金属离子	侵入途径:吸入。急性中毒:本品是强烈的神经毒物,对黏膜有强烈刺激作用。眼痛,性中毒:短期内吸入高浓度硫化氢后出现流泪,眼睛异物感,畏光,视物模糊,流涕,咽喉部灼热感,咳嗽,胸闷,头痛,头晕,乏力,意识模糊等。部分患者有心肌损害。重者可出现脑水肿,肺水肿,极高浓度(1000mg/m³以上)时可在数秒钟内突然昏迷,呼吸和心搏骤停,发生闪电型死亡。高浓度接触眼结膜发生水肿和角膜溃疡。长期低浓度接触,引起神经衰弱综合征和自主神经功能紊乱	职业性急性硫化氢中毒,职业性化学源性猝死,职业性急性中毒后遗症
三氧化铬	分子式:CrO_3。分子量:100.01。熔点:196℃。密度:相对密度(水=1)2.70。溶解性:溶于水,硫酸,硝酸。外观与性状:暗红色或暗紫色斜方晶体,易潮解。用途:用于电镀工业,医药工业,印刷工业,鞣革和织物媒染	急性中毒:吸入后可引起急性呼吸道刺激症状,鼻出血,声音嘶哑,鼻黏膜萎缩,有时出现哮喘和紫绀。重者可发生化学性肺炎。口服可刺激和腐蚀消化道,引起恶心,呕吐,腹痛,血便等;重者出现呼吸困难,紫绀,休克,肝损害等急性肾功能衰竭等。慢性影响:有接触皮炎,铬溃疡,鼻炎,鼻中隔穿孔及呼吸道症状等	职业性铬鼻病,职业性中毒性肾病,急性中毒性皮炎,职业性皮肤接触性皮炎,六价铬化合物所致肺癌

续表 8-1

有害因素	理化性质	对人体健康的危害	可能导致的职业病
粉尘（其他粉尘）	"粉尘"是指以气溶胶状态或以烟雾状态存在的能较长时间悬浮于空气中的固体颗粒。在生产中，与生产过程有关形成的粉尘叫生产性粉尘。生产性粉尘的种类繁多，理化性状不同，对人体所造成的危害也是多种多样的	长期在生产环境中吸入生产性无机粉尘，有可能导致以肺部进行性纤维组织增生为主的全身性疾病——尘肺病，患者表现出咳嗽、咯痰、气短等症状。职业流行病学调查结果表明，粉尘作业人员慢性支气管炎等呼吸道疾病发病率增加	职业性尘肺病
电焊烟尘	电焊烟尘是由于高温使焊药、焊条芯和被焊材料熔化蒸发，逸散在空气中氧化冷凝而形成的颗粒极细的气溶胶。电焊尘可因使用的焊条不同有所差异。如使用焊条 T422 焊接时，电焊尘主要为氧化铁、氧化锰、非结晶型二氧化硅、氟化物、氮氧化物、臭氧、一氧化碳等；使用 0507 焊条时，除上述成分外，还有氧化铬、氧化镍等	吸入这种烟尘以后能引起头晕、头疼、咳嗽、胸闷气短等，长期吸入会造成肺组织纤维性病变，即电焊工尘肺，且常伴随锰中毒、氟中毒和金属烟热等并发症	职业性电焊工尘肺，职业性慢性锰中毒
高温 热辐射	—	夏季高温作业时，人体可出现一系列生理功能的改变，主要为体温调节、水盐代谢、循环系统、消化系统、神经系统、泌尿系统等方面的适应性变化。但如果超过一定限度，可因热平衡和水盐代谢紊乱而引起中暑	职业性中暑
噪声	—	长期接触生产性噪声可引起操作工人耳鸣、耳痛、头晕、烦躁、失眠、记忆力减退等症状，之后可引起暂时性听阈位移、永久性听阈位移、高频听力损伤、语频听力损失，严重者出现噪声聋	职业性噪声聋

续表 8-1

有害因素	理化性质	对人体健康的危害	可能导致的职业病
紫外线（电焊弧光）	—	紫外线能透过真皮、眼角膜以至晶状体，受强烈的紫外线辐射可引起皮炎，表现为红斑，有时伴有水泡和水肿，波长为297nm对皮肤作用最强，可引起皮肤红斑及色素沉着，严重诱发皮肤癌；波长为250～320nm的紫外线，可大量被角膜和结膜上皮吸收，引起急性角膜结膜炎	职业性电光性皮炎、职业性白内障、职业性急性电光性眼炎（紫外线角膜结膜炎）
电离辐射（X射线）	—	电离辐射作用于人体细胞会引起细胞学变化。如损伤不能修复将引起组织和器官的生物学变化（健康影响）包含确定性效应和随机性效应。确定性效应是在正常情况下存在某一剂量阈值的一种辐射效应，超过剂量阈值时，剂量愈高则效应的严重程度愈大。如皮肤烧伤、白内障等。组织损伤出现的时间变化很大，从几小时、几天到照射后若干年。这种效应与剂量成正比，而严重程度与照射（癌随机性效应是在放射防护的低剂量范围内，白血病及胎儿畸形等发生概率与剂量值成正比，不存在剂量阈值。如癌、白血病则数月，长则数年甚至几十年效应潜伏期短则数月	外照射慢性放射病、外照射急性放射病、放射性白内障、放射性肿瘤、放射性甲状腺疾病、放射性皮肤疾病、职业性放射性疾病
激光	—	眼睛如果受到激光的直接照射，会造成视网膜损伤，由于激光的强烈加热效应，引起视力下降，严重时可瞬间致盲。皮肤如果受激光的直接照射，特别是受到聚焦后光束的直接照射，会使皮肤灼伤，进而发展成红斑。极短激光的辐射会使皮肤出现红斑，进而发展面炭化。受紫外脉冲、红外光的长时间慢反射作用，则会导致人体皮肤的光、高峰值激光容易使皮肤表面炭化，老化、炎症甚至皮肤癌等严重后果	职业性激光所致眼（角膜、晶状体、视网膜）损伤

（1）各部门负责职业危害日常监测管理，负责制定职业危害日常监测计划并依法进行职业卫生管理工作。

（2）监测人员必须按职业病防治计划和防治方案的要求，经常对工作场所的职业危害进行监测。

（3）安全管理部门组织取得相关资质的技术服务部门对本单位职业病危害因素进行定期监测。定期监测工作应根据国家职业病危害因素和监测周期的规定每年进行一次，每3年进行一次职业危害现状评价。

（4）监测与评价结果应及时向工作人员公布，公示地点为监测点及人员较集中的公共场所，公示内容包括监测地点、监测日期、监测项目、监测结果、职业接触限值、评价等。

（5）安全管理部门建立本单位的职业病危害因素监测档案，并指定部门和专人妥善保管。监测档案为永久性保存的资料，要防止丢失。

（6）监测中发现作业场所职业病危害因素不符合国家职业卫生标准的作业场所，职业危害因素浓度或强度超过职业接触限值时，应及时采取有效的治理措施。

（7）有新建、改建、扩建的工程建设项目和技术改造项目，可能产生职业危害的，应当按照有关规定，在可行性论证阶段委托具有相应资质的职业卫生技术服务机构进行预评价。

8.3 职业危害防护

8.3.1 职业危害防护设施

《中华人民共和国职业病防治法》第二十二条指出"用人单位必须采用有效的职业病防护设施。"

职业病防护设施是降低职业病有害因素浓度的关键设备，对保护工作人员的健康，免受职业有害因素侵害起着至关重要的作用，各部门应遵守如下规定。

（1）各部门应在存在职业危害因素的作业场所设置、安装有效的防护设施，保障工作环境中职业病危害因素影响程度符合国家的职业卫生标准和卫生要求。

（2）各部门负责本部门在用职业危害防护设施的日常管理。对于职业危害公共防护设施由本单位安全管理部门负责日常管理与维修。

（3）未经申报批准不得擅自拆除或停用防护设施。如因检修需要拆除的，应当采取临时防护措施，检修后及时恢复原状。

（4）对于新建、改建或扩建的项目，由建设部门和使用部门共同配置职业危害防护设施，防护设施需要满足国家的相关规定。对于各部门自行开展的实验室改造项目，须由各部门配置防护设施。

（5）根据国家《科研建筑设计标准》，实验室通风柜柜口面的风速宜在

0.4~0.5m/s，各部门在配置或改造通风柜时需按照该标准执行。

（6）工作人员在实验过程中要注意如下几点：

1）严格遵守操作规程，正确运行设备。启动前认真准备，启动中防护检查，启动后妥善处理，运行中做好调整，认真执行操作指标，不超温、超压、超速、超负荷运行。

2）精心维护，严格检查实验设备，发现问题及时解决，消除隐患。

3）掌握设备故障的预防、判断和紧急处理措施，保持安全防护装置完整好用。

4）时刻保持设备和环境清洁卫生，设备、管道、地面见本色、门窗玻璃净。

8.3.2 个人防护

劳动防护用品是单位免费发给劳动者个人使用保管的公共财物，是保护劳动者在生产过程中免遭或减轻职业危害的一种辅助措施，必须以实物形式发放，不得以货币或者其他物品替代。

各部门根据各岗位的职业危害，依照国家相关标准确定本部门个人防护用品配置标准，并负责配置、发放、日常使用及维护保养。

（1）个人防护用品配置的基本要求：

1）从事化学类实验的人员需配置实验服、防护手套、防护口罩等，其中强酸强碱操作人员需配置耐酸、耐碱的工作服和手套。

2）实验中接触大量有机蒸气（如苯、甲醇、甲醛等）、酸性气体（如：氯气、硫化氢、二氧化硫、氯化氢、氟化氢等）和碱性气体（如：氨气、甲胺等）等有毒有害气体时，需配置相应的防毒面具，并根据实际需求及时更换过滤盒。

3）实验中可能出现液体飞溅或喷射时，需配置护目镜；从事激光研究的人员，需配置激光护目镜。

4）泵房或实验室内使用产生明显噪声的设备（如超声清洗机、真空泵等），需配置耳罩、耳塞等护耳用品。

5）从事存在生物危害实验的人员需配置有效防护危害的相关防护用品。

（2）个人防护用品的使用方式：

1）防护头盔。在生产现场，为防止意外重物坠落击伤、生产中不慎撞伤头部，或防止有害物质污染，工人应佩戴安全防护头盔。防护头盔多用合成树脂类橡胶等制成。我国国家标准《安全帽》（GB 2811—2016）对安全头盔的形式、颜色、耐冲击、耐燃烧、耐低温、绝缘性等技术性能有专门规定。根据用途，防护头盔可分为单纯式和组合式两类。单纯式有一般建筑工人、煤矿工人佩戴的帽盔，用于防重物坠落砸伤头部。机械、化工等工厂防污染用的以棉布或合成纤维制成的带舌帽亦为单纯式。组合式的主要有电焊工安全防护帽、矿用安全防尘帽、防尘防噪声安全帽。

2）防护服。防护服包括帽、衣、裤、围裙、套裙、鞋罩等，有防止或减轻热辐射、X射线、微波辐射和化学污染机体的作用。主要有以下4种：

①防热服。防热服应具有隔热、阻燃、牢固的性能，但又应透气，穿着舒适，便于穿脱。防热服分为非调节和空气调节式两种。

②防化学污染物的服装：一般有两类，一类是用涂有对所防化学物不渗透或渗透率小的聚合物化纤和天然织物做成，并经某种助剂浸轧或防水涂层处理，以提高其抗透过能力，如喷洒农药人员防护服；另一类是以丙纶、涤纶等织物制作，用以防酸碱。对这些防护服，国家有一定的透气、透湿、防油拒水、防酸碱及防特定毒物透过的标准。

③微波屏蔽服：金属丝布微波屏蔽服；镀金属布微波屏蔽服。这种屏蔽服具有镀层不易脱落，比较柔软舒适，质量轻等特点。

④防尘服：一般用较致密的棉布、麻布或帆布制作。须具有良好的透气性和防尘性，式样有连身式和分身式两种，袖口、裤口均须扎紧，用双层扣，即扣外再缝上盖布加扣，以防粉尘进入。

3）防护眼镜。防护眼镜一般用于各种焊接、切割、炉前工、微波、激光工作人员防御有害辐射线的危害。可根据作用原理将防护镜片分为两类：

①反射性防护镜片：根据反射的方式，还可分为干涉型和衍射型。

②吸收性防护镜片：根据选择吸收光线的原理，用带有色泽的玻璃制成，例如接触红外辐射应佩戴绿色镜片，接触紫外辐射佩戴深绿色镜片，还有一种加入氧化亚铁的镜片能较全面地吸收辐射线。

③复合性防护镜片：将一种或多种染料加到基体中，再在其上蒸镀多层介质反射膜层。由于这种防护镜将吸收性防护镜和反射性防护镜的优点结合在一起，在一定程度上改善了防护效果。

4）防护面罩：

①防固体屑末和化学溶液面罩：用轻质透明塑料或聚碳酸酯塑料制作，面罩两侧和下端分别向两耳和下颌下端及颈部延伸，使面罩能全面地覆盖面部，增强保护效果。

②防热面罩：除与铝箔防热服相配套的铝箔面罩外，还有用镀铬或镍的双层金属网制成，反射热和隔热作用良好，并能防微波辐射。

③电焊工用面罩：用制作电焊工防护眼镜的深绿色玻璃，周边配以厚硬纸纤维制成的面罩，防热效果好，并具有一定电绝缘性。

5）呼吸器官防护用具（RPE），包括防尘口罩、防毒口罩、防毒面具等，根据结构和作用原理，可分为过滤式和隔离式呼吸防护器两大类。

①过滤式呼吸防护器：是以佩戴者自身呼吸为动力，将空气中有害物质予以

过滤净化。适用于空气中有害物质浓度不高，且空气中含氧量不低于18%的场所，有机械过滤式和化学过滤式两种。

②隔离（供气）式呼吸防护器：经此类呼吸防护器吸入的空气并非经净化的现场空气，而是另行供给。按其供气方式又可分为自带式与外界输入式两类。

6）防噪声用具。

①耳塞：为插入外耳道内或置于外耳道口的一种栓，常用材料为塑料和橡胶。按结构外形和材料分为圆锥形塑料耳塞、蘑菇形塑料耳塞、伞形提篮形塑料耳塞、圆柱形泡沫塑料耳塞、可塑性变形塑料耳塞和硅橡胶成型耳塞、外包多孔塑料纸的超细纤维玻璃棉耳塞、棉纱耳塞。对于耳塞的要求为：应有不同规格的适合于各种外耳道的构型，隔声性能好，佩戴舒适，易佩戴和取出，又不易滑脱，易清洗、消毒、不变形等。

②耳罩：常以塑料制成呈矩形杯碗状，内具泡沫或海绵垫层，覆盖于双耳，两杯碗间连以富有弹性的头架适度紧夹于头部，可调节，无明显压痛，舒适。要求其隔音性能好，耳罩壳体的低限共振率越低，防声效果越好。

③防噪声帽盔：能覆盖大部分头部，以防强烈噪声经骨传导而达内耳，有软式和硬式两种。软式质轻，导热系数小，声衰减量为24dB，缺点是不通风。硬式为塑料硬壳，声衰减量可达30~50dB。

对防噪声工具的选用，应考虑作业环境中噪声的强度和性质，以及各种防噪声用具衰减噪声的性能。各种防噪声用具都有一定的适用范围，选用时应认真按照说明书使用，以达到最佳防护效果。

7）皮肤防护用品，主要指防护手和前臂皮肤污染的手套和膏膜。

①手套：防护手套必须足够结实，确保在工作过程中不破损或开裂。皮革或缝制的工作手套不适合处理化学品时使用。在戴、脱手套时，确保工人裸手不接触污染手套的外面。

②防护油膏：在戴手套感到妨碍操作的情况下，常用膏膜防护皮肤污染。干酪素防护膏可对有机溶剂、油漆和染料等有良好的防护作用。对酸碱等水溶液可用由聚甲基丙烯酸丁酯制成的胶状膜液，涂布后即形成防护膜，唯洗脱时可用乙酸乙酯等溶剂。防护膏膜不适于有较强摩擦力的操作。

8）复合防护用品。对于有些全身都暴露于有害因素，尤其是放射性物质的职业，例如介入手术医生，介入手术的类型繁多，手术医生的操作位置亦随之变更，因此，任何类型介入防护装置的使用，都有一定的局限性，这就有必要穿戴个人防护用品作为辅助防护措施。

各部门在采购个人防护用品过程中，需查验防护用品的"三证一标志"（生产许可证、产品合格证、安全鉴定证和劳动防护安全标志），保证防护用品符合国家相关规定。

各部门需建立个人防护用品发放记录，并保证个人防护用品的有效性。

各部门应指导工作人员正确佩戴、使用个人防护用品，同时使用者要在使用前对其防护功能进行必要的检查和确认。

在任何可能接触职业危害的环境中，工作人员需规范佩戴和使用个人防护用品，以保证个人职业健康安全。

单位安全管理部门负责个人防护用品的监督管理，对检查中发现的任何不规范配置和使用，可依据本单位安全管理制度予以处罚。

8.3.3 职业危害现场管理

产生职业病危害的部门和作业场所，应当在醒目位置设置公告栏，公布有关职业病防治的规章制度、操作规程、职业病危害事故应急救援措施和工作场所职业病危害因素检测结果。对产生严重职业病危害的作业岗位，应当在其醒目位置，设置警示标识和中文警示说明对作业人员进行告知。警示说明应当载明产生职业病危害的种类、后果、预防以及应急救治措施等内容。

在职业病危害的工作场所，应当在醒目位置按照下列规定设置警示标识：

（1）可能引起尘肺的粉尘工作场所，设置"注意防尘"警示标识。

（2）放射工作场所设置"当心电离辐射"警示标识。

（3）有毒物品工作场所设置"当心中毒"或者"当心有毒气体"警示标识。

（4）能引起职业性灼伤和酸蚀的化学品工作场所，设置"当心腐蚀"警示标识。

（5）产生噪声的工作场所，设置"噪声有害"警示标识。

（6）高温工作场所设置"当心中暑"警示标识。

（7）接触有毒化学品的作业岗位，应当在醒目位置设置"作业岗位有毒物质职业病危害告知卡"。

（8）使用有毒物品工作场所应当设置黄色区域警示线，高毒工作场所应当设置红色区域警示线。

（9）在工作场所可能产生职业病危害的设备上及化学品、放射性同位素和含有放射性物质的材料上，应设置相应的警示标识。

（10）有毒、有害及放射性物质的原材料或产品包装必须设置醒目的警示标识和中文警示说明（设备上警示说明书的内容包括：该设备的性能，可能产生的职业病危害，安全操作和维护注意事项，职业病防护以及应急救治措施等）。

（11）中文警示说明应参照《化学品安全技术说明书编写规定》（GB 16483—2000）编写，载明产品特性、主要成分、存在的职业中毒危害因素、可能产生的危害后果、使用注意事项、职业中毒危害防护以及应急救治措施等内容。

（12）贮存产生职业病危害的化学品场所，应当在入口处和存放处设置相应的警示标识。

（13）高毒工作场所应急撤离通道和泄险区应设置相应的提示标识或者禁止标识。

（14）可能产生职业病危害的设备发生故障时，应设相应的禁止标识。

（15）维护和检修可能产生职业病危害的装置时，应在工作区域设置相应的禁止标识。

（16）要求提供可能产生职业病危害的设备、材料的厂家，同时提供中文说明书，并设置警示标识和中文警示说明。

（17）在放射性工作场所的入口处应设置红色信号灯。设置的警示标识应当醒目、保持完整，使用的警示信号保持功能完好。

（18）所有应该设置警示标识的设备及工作场所，由其使用单位、存在职业危害因素的单位负责统计上报职卫科，职卫科和质标办按规定要求统一设置。

（19）警示标识要制定专人负责检查、维护，每月应检查一次，发现问题应及时维护和更换。

（20）警示说明不得随意更换位置、不得丢弃、不得涂改。

（21）如发现警示标识丢失、涂改、损坏等，要立即更换，以免误导员工。

（22）故意损坏、涂改、偷窃警示标识者，由单位领导视情节轻重，采取警告、罚款、划分、开除等处理方式。

各部门不得使用国家明令禁止使用的可能产生职业危害的材料和设备，同时控制高毒以上危险化学品的使用。

各部门如使用或引进可能产生职业危害的化学品，应向生产单位（供货商）索要产品的安全说明书，了解材料的各种性能、危害等相关信息，掌握安全使用方法。

使用有毒物品工作场所与办公室和休息区分开，有毒场所不得存放或饮用食品。

从事化学实验，实验中可能出现液体意外飞溅或喷射的，以及从事激光器调试实验的，须佩戴护目镜。

开展各类实验时，均须穿实验服或工作服，不得裸露皮肤、脚面，以防意外伤害。

各部门要对员工进行职业病危害预防控制的培训、考核，使每位员工掌握职业病危害因素的预防和控制技能。

安全管理部门定期或不定期地对各部门及作业场所的职业危害现场管理情况进行监督、检查、指导。

8.4　接触职业危害人员管理

8.4.1　危害确认

各部门负责本部门人员接触职业危害情况的确认，安全和人事管理部门负责审核、备案。

8.4.2　职业健康宣传与培训

（1）安全管理部门利用墙报、公示栏、会议、培训、张贴标语等形式定期开展职业健康宣传。

（2）各部门要利用组会、现场岗位职业危害讲解以及职业危害标志牌标识、公告栏等进行职业健康宣传。

（3）人事管理部门会同安全管理部门应根据法律规范等的要求、单位实际情况及岗位需要，定期研究分析安全宣传教育培训需求，制定、实施安全宣传教育培训计划，提供相应的资源保证，建立工作人员培训档案，并妥善保存。

（4）各部门应做好安全教育培训记录，建立安全教育培训档案，实施分级管理，并对培训效果进行评估和改进。

（5）单位主要负责人和职业健康管理人员的安全教育培训由经安监部门认定的培训机构进行培训，并持证上岗。根据证件有效时间，到期进行复训。

（6）凡接触职业危害的人员在入职前需进行职业卫生三级教育，同时需每年参加职业卫生相关培训，培训内容为职业卫生相关法律法规、标准要求等。培训可以与入所三级安全教育合并开展。

（7）凡调换新岗位人员和采用新设备、新工艺的岗位人员，要重新进行安全教育培训，经考试合格后，方准上岗作业。采用新设备、新工艺的岗位人员，必须由专业技术人员进行专门的安全技术培训学习，考试合格后，方可上岗作业。告知岗位工人，新设备、新设备存在的危害因素以及防范措施。

（8）对从事电气作业、机动车驾驶、起重起吊、金属焊接、压力容器、通风、水泵等特殊工种的作业人员，必须进行特殊工种的安全生产教育培训。

1）由安监局、质量技术监督部门培训教育，经考试合格，领取操作资格证后，方可上岗操作。并根据证件的有效时间，到期进行复训。

2）每年单位要对其进行一次安全生产教育培训。

3）凡新增或调换的特殊工种人员，必须由安监局、质量技术监督部门教育培训，考试合格取得操作资格证后，才能上岗作业。

（9）一般工作人员安全教育培训。

1）由安全管理部门每年对各部门负责人、安全员进行一次安全管理和职业健康知识安全教育培训，并考试存档。要求必须有签到表、教案、考试卷纸及考分花名表。

2）为了不断提高工作人员安全意识和防治职业危害意识，增强安全责任感，研究组对工作人员进行不少于20h的安全教育培训，要有培训计划、签到表、培训教案、考试卷纸及考分花名表。

3）一般"三违"人员由安全管理部门进行安全教育培训，时间不少于一天；严重"三违"人员由安全管理部门进行安全教育培训，时间不少于一周。安全管理部门将"三违"人员安全教育培训情况存档。

（10）各部门负责督促工作人员遵守职业病防治法律、法规和操作规程，指导员工正确使用预防职业病的防护设备和个人防护用品。

8.4.3　职业健康体检

职业健康体检分岗前、在岗、离岗、应急4类。所有接触职业危害的工作人员均需进行岗前、在岗、离岗职业健康体检。岗前体检针对新入职人员开展，离岗体检针对退休或离职人员。

新入职人员在开展入所培训期间，需进行岗前职业健康体检，体检合格后方可从事科研工作。退休或离职人员体检在办理退休或离职手续前开展，体检合格后方可办理手续。以上人员可能接触或已经接触的职业危害种类由各部门确定。

8.4.4　职业健康监护

接触职业病危害人员的职业健康监护工作由安全管理部门统一负责，与职业病危害因素有关的职业病或职业禁忌症者的岗位调整等相关工作由人事管理部门负责。

个人职业健康监护档案及职业健康体检由卫生所负责建立和落实，档案及体检记录永久保留。

（1）职业健康监护档案内容：

1）健康监护档案册。

2）职业健康体检结果报告。

3）健康体检综合分析报告。

4）职业健康体检复查人员名单及复查结果报告。

5）职业病观察对象和职业禁忌症处理意见书。

6）从业人员职业健康监护档案包括劳动者的职业史、既往史和职业病危害接触史；相应作业场所职业病危害因素监测结果；职业健康检查结果及处理情况；职业病诊疗等有关个人健康资料。

（2）职业病诊断档案。人事管理部门应建立职业病诊断档案并永久保存，档案内容应当包括：

1）职业病诊断证明书。

2）职业病诊断过程记录。

3）本单位和劳动者提供的诊断用所有资料。

4）临床检查与实验室检验等结果报告单。

5）现场调查笔录及分析评价报告。

8.5 工伤管理

8.5.1 工伤定义

工作人员有下列情形之一的，应当认定为工伤：

（1）在工作时间和工作场所内，因工作原因受到事故伤害的。

（2）工作时间前后在工作场所内，从事与工作有关的预备性或者收尾性工作受到事故伤害的。

（3）在工作时间和工作场所内，因履行工作职责受到暴力等意外伤害的。

（4）患职业病的。

（5）因工外出期间，由于工作原因受到伤害或者发生事故下落不明的。

（6）在上下班途中，受到非本人主要责任的交通事故或者城市轨道交通、客运轮渡、火车事故伤害的。

（7）法律、行政法规规定应当认定为工伤的其他情形。

职工有下列情形之一的，视同工伤：

（1）在工作时间和工作岗位，突发疾病死亡或者在 48h 之内经抢救无效死亡的。

（2）在抢险救灾等维护国家利益、公共利益活动中受到伤害的。

（3）工作人员原在军队服役，因战、因公负伤致残，已取得革命伤残军人证，到用人单位后旧伤复发的。

工作人员有下列情形之一的，不得认定为工伤或者视同工伤：

（1）故意犯罪的。

（2）醉酒或者吸毒的。

（3）自残或者自杀的。

8.5.2 工伤认定

工伤认定：

（1）发生事故造成职工受伤的，或各类集体活动中工作人员受伤的，事故单位或集体活动组织单位需在事故发生后 2 个工作日内填写《工作人员工伤申报申请表》，并提交市工伤认定部门要求的相关资料，由安全管理部门负责组织工伤申报及等级鉴定工作。

（2）非工作区域内发生的职工伤害事故，如需申报工伤，参照以上条款执行。

（3）人事管理部门负责工伤人员的医疗费用核销、工伤待遇的落实。

8.6 大连化物所职业危害管理具体要求

大连化物所根据相关安全法律、法规，结合本所实际情况，制定了一套职业危害管理要求，具体见表 8-3。

表 8-3 职业危害管理具体要求

项目	管理要求
职业危害 防护设施	1. 各研究组应对存在职业危害因素的作业场所设置、安装有效的防护设施，保证工作环境中职业病危害程度符合国家的职业卫生标准和卫生要求。 2. 各研究组负责本组在用的职业危害防护设施的日常管理。 3. 未经申报批准不得擅自拆除或停用防护设施。如因检修需要拆除的，应当采取临时防护措施，检修后及时恢复原状。 4. 实验室通风柜柜口面的风速宜在 0.4~0.5m/s
职业危害 现场管理	1. 醒目位置设置警示标识，告知工作职业危害。 2. 规范使用通风设施，保证实验室送排风设施有效。 3. 做好各类危险化学品有效密闭，控制各类有害化学品气味的扩散。 4. 根据职业危害种类以及日常工作中的实际情况，确定防护用品配置标准，并规范配置，建立发放记录。 5. 熟悉防护用品使用方法，固定放置位置，保证有效性。 6. 实验室冰箱中不得存放食品和饮料，不得在实验室饮食或存放食品。 7. 实验室中物品实行定置管理，使用后的实验物品及时归位，保持实验室整洁有序。 8. 接触职业危害的人员需联系卫生所建立职业健康档案，定期参加体检，体检合格方可继续开展实验。 9. 从事化学类实验，实验过程中可能出现液体意外喷射时，实验过程须佩戴护目镜。 10. 从事激光器调试实验时，须佩戴护目镜。 11. 各类实验过程中，须穿着实验服或工作服，以防意外伤害

9 实验室环境保护

9.1 目的

实验室环境保护的目的：为保证科研生产工作中所产生的噪声、有毒有害气体、液体和固体物质等符合环境保护和健康的要求，防止环境污染。

9.2 适用范围

适用于高校和科研院所科研生产工作中产生的对环境有污染或人体健康有影响的噪声、废气、废液和危险废物等的合理处置。

9.3 设施设备的配置

实验室应布局合理，并采取有效措施，防止相邻工作区域间的不利影响；实验室的设计或改造，应根据实验室的功能和用途，充分考虑能源、采光、采暖、通风的要求，并考虑环境因素（如温湿度、电磁干扰、噪声、震动等）对实验可能造成的不利影响而采取有效预防措施。实验过程有强噪声产生，应采取减噪声或隔声措施，有废气、废液、烟雾产生的实验室和试验装置，应配有合适的排放系统，以保证科研生产工作质量和工作人员健康不受影响或损害。微生物实验室应有防尘、灭菌以及其他防止污染的设施。实验室应根据研究组实验过程中产生噪声、震动、废气、废液和危险废物等的实际情况，提出控制消除对环境污染或人体健康有影响的场所、废弃物贮存及无害化处理等所需设施、设备的配置申请。

《科研建筑设计标准》（JGJ 91—2019）要求："科学实验建筑设计必须执行国家现行有关安全、卫生、辐射防护、环境保护法规和规定"，"凡进行对人体有害气体、蒸汽、气味、烟雾、挥发物质等实验工作的实验室，应设置通风柜。

9.4 实验废弃物的定义与分类

9.4.1 实验废弃物定义

实验废弃物是指在实验室内进行的教学、科研及其他在实验室的各项活动中产生的，已失去使用价值的气态、固态、半固态及液态物质的总称，主要包括实验过程中产生的"三废"（废气、废液、废渣）物质，实验用剧毒物品，精神类、麻醉类及其他药品残留物，实验动物尸体及器官组织、病原体、放射性物品，以及实验耗材、橱柜、电器、生活垃圾等各类废弃物。对实验废弃物实行科学、合理、有效地分类管理，直接关系到废弃物的收集和处理能否顺利进行，更是实现实验废弃物安全管理的内在要求。

9.4.2 实验废弃物分类

实验废弃物的成分和污染程度不同，分类形式也不同。根据其污染程度、主要成分和基本性质，分类如下：

（1）化学实验废弃物。化学废弃物按物理形态可分为废气、废液和废渣三种，简称"三废"。

（2）生物实验废弃物，主要是指实验过程中使用过或培养产生的动植物的组织、器官、尸体、微生物（细菌、真菌和病毒等）、培养基，以及吸头、离心管、注射器、培养皿等各种塑料制品等。

（3）放射性废弃物，指含有放射性物质或者被放射性物质污染，其放射性活度或活度浓度大于国家标准或审计部门规定的清洁解控水平，并且所引起的照射未被排除，又预期不会再利用的废弃物。

（4）噪声污染。噪声源主要来自动力设备、泵类等，设计中可采用相应的防噪减震措施。

此外，还有电子垃圾、机械类实验室产生的粉尘等，对于这些危险、有害因素，如不加以有效控制，将严重影响人的身体健康，危害我们赖以生存的生态环境。

9.5 废弃物的危害及管理处置

9.5.1 实验废弃物的危害

9.5.1.1 对人的危害

实验室泄漏或挥发的刺激性有毒气体，如常见的氯气、氨气、二氧化硫、三氧化硫及氮氧化物等，对人的眼睛和呼吸道黏膜有刺激作用；如一氧化碳、硫化氢、氰化氢、甲烷、乙烷、乙烯等，这些气体容易造成人体缺氧，引起各种疾病，严重危害人体健康。

9.5.1.2 对环境的危害

污染土壤。实验室废弃物如果处置不当，任意堆放，有毒的废液、废渣很容易渗入土壤，杀害土壤中的微生物、破坏微生物与周围环境构成的生态系统，导致草木不生；还会破坏土壤的团粒结构和理化性质，致使土壤保水保肥能力降低，后果严重。

污染水体。实验室废弃物未收集，直排下水道，或露天存放，在雨水作用下流入水体、污水管网中，会造成水体的污染与破坏。

污染空气。废弃物如未能妥善收集和管理，在温度和水分作用下，将会发生挥发或分解，在风的吹动下扩散，既污染环境，又影响人体健康。

9.5.1.3 化学废弃物的危险特性

化学废弃物的危险特性主要包括可燃性、腐蚀性、反应性、传染性、放射性、毒性等。化学废弃物的毒性表现为以下 3 类：

（1）浸出毒性。用规定方法对废弃物进行浸取，在浸取液中若有一种或一种以上有害成分，其浓度超过规定标准，就可认定具有毒性。

（2）急性毒性。指一次投给实验动物加大剂量的毒性物质，在短时间内所出现的毒性。通常用半致死量表示。

（3）其他毒性。包括生物富集性、刺激性、遗传变异性、水生生物毒性及传染性等。

9.5.2 实验废弃物的管理处置

化学废弃物具有可燃、腐蚀、毒性等危险特性，对其处理一般遵循减少产生、及时收集、集中存放、分类处理等原则。

各部门负责本部门实验活动中产生的各类废弃物的无害化处理，废弃物无害化处理按以下处理原则进行管理：

（1）一般处理原则。实验室要严格遵守国家环境保护工作的有关规定，不随意排放废气、废液、废物，不得污染环境，实验室废弃物种类较多，主要包括无机试剂废弃物、有机试剂废弃物、含放射性材料废弃物、化学废气、生物样本废弃物和动物尸体等。其一般处理原则为：1）减少产生。有效控制废弃物的生成是处理废弃物的重要环节。2）及时收集。实验室产生的废弃物必须及时收集，形成"即生即收"的观念和制度，减少其扩散、污染的时间。3）集中存放。在实验室内应该设立指定的废弃物收集区，集中存放实验室产生的废弃物。4）分类处理。由于实验室化学废弃物复杂多样，要依据废弃物的性质、形态特征进行分类，以便于对不同性质和形态的废弃物采用不同的方法进行定期安全处理。

（2）化学实验废弃物的分类收集。化学实验产生的废弃物以及过期不再使用的危险化学品不能随意丢弃或排放，也不得随意掩埋化学固态、液态废弃物，必须严格按照规范程序将各类废弃物进行分类收集、存放和规范、妥善处理。

1）气体废弃物。实验室从事日常科研工作时，必须按照国家有关规定保证大气污染防治设施的正常运转，凡是有气体产生的实验必须在通风橱中进行，对产生有害气体的实验必须进行必要的吸收处理或采取处理措施。排放的废气不得违反《大气污染物综合排放标准》（GB 16297—1996）或国家其他相关规定的要求。

2）液态废弃物。实验活动中产生的废液必须按照国家有关规定及技术要求进行无害化处理，符合《废弃危险化学品污染环境防治办法》《污水综合排放标准》（GB 8978—1996）等相关规定后，方可废弃。不得随意排放、丢弃、倾倒、堆放，不得将危险废物混入其他废物和生活垃圾中。

实验人员负责分类集中收集，废液应按不同种类分别用专桶收集后送委托单位处理，根据不同属性分别处理。

①一般化学废液。收集一般化学废液时，应使用专用收集容器并贴有专用标签，如有可能发生异常反应，则应单独暂存于其他容器中，容器口应密封良好，不能使用敞口或有破损的容器。一般化学废液收集容器中的废液不应超过容器最大容量的80%，当废液收集到一定量时，联系相关单位，统一处理。

②剧毒废液。实验室产生的剧毒废液，包括含汞废液、含砷废液、含氰废液、含镉废液。对于此类废液能进行无害化处理的先进行无害化处理，无法处理的应分别暂存在单独的容器中并做详细的记录，不能将不同种类剧毒废液混装在一个容器中。

③有机液体废弃物。有机液体废弃物，分为油脂类（由实验室产生的废气油脂，如轻油、润滑油、松节油等）、含卤素类有机溶剂类（由实验室产生的废弃溶剂，内含有脂肪族卤素类化合物，如氯苯、氯仿等）、非卤素类有机溶剂（该溶剂不含脂肪族卤素类化合物或芳香族卤素类化合物）。不得将有机废溶剂、废试剂等直接倒入下水道进行排放，须按照"碳氢化合物""卤代烃"等进行分类，分别存放于专门的有机废液收集容器中。可回收使用的有机溶液应分别收集、重蒸馏后回收使用，难以回收使用的有机溶液集中收集，送有相应资质的委托单位处理。

④无机液体废弃物。无机液体废弃物包括含重金属废液（由实验室产生的含有任一类重金属如 Fe、Co、Cu、Mn、Pb、Mg 等的废液）、其他含盐类废液、废酸液、废碱液。不得将含无机重金属的无机废液直接通过下水道进行排放，须存放于专门的废液桶中，送有资质的单位进行统一处理。

⑤微生物污染的废液。实验过程中产生的有微生物污染的废液，应经严格消毒处理后才能废弃，不准直接进入下水道及污物处理场所，化学废液鉴定分类原则如图 9-1 所示。

具体的，应遵循以下收集基准及检测方法（尤其是一般试剂不能混入高毒废试剂）：

①碱系废液收集基准。避免大量混入如下物质：有机物质、酸性物质、金属、过氧化物。

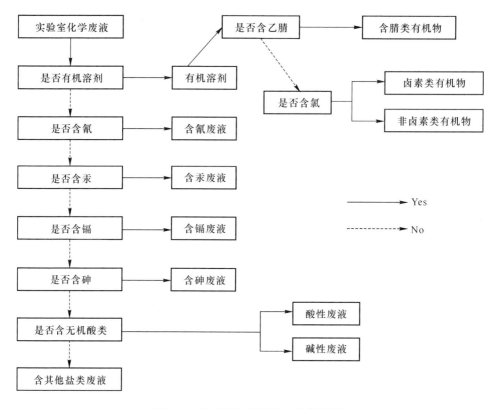

图 9-1 化学废液简易鉴定分类原则

②酸系废液收集基准。避免大量混入如下物质：碱性物质、金属、还原剂、氧化剂、爆炸物、溴化物、碳化物、硅化物、磷化物、混入后会产生毒气（氰化物、硫化物）等。

③非含氯有机物废液收集基准。避免大量混入如下物质：酸、碱性物质、强氧化剂（过氧化物、硝酸盐或过氯酸盐）。

④含氯有机物废液收集基准。避免大量混入如下物质：酸、碱性物质、碱金属（Na、K 等）、塑料、橡胶、涂装、亚硫酸二甲酰。

⑤COD（含铬）废液收集基准。避免大量混入碱性物质、金属、还原剂、磷等。

⑥重金属系（镉）废液收集基准。避免大量混入强酸、金属、还原剂、磷等。

⑦氰系废液收集基准。避免大量混入酸性物质、强氧化剂（硝酸盐、亚硝酸盐、过氧化物及氯酸物）、二氧化碳等。

⑧汞系废液收集基准。避免大量混入有机物质、碱性物质、金属、硫酸盐、

磷酸盐、次磷酸盐、硫化物、溴化物等。

过期试剂、药剂、浓度过高或反应性剧烈的母液等不得倒入收集容器内，应以连原包装物一起收集进行处理。

3）固态废弃物。实验活动中产生的废物必须按照国家有关规定及技术要求进行无害化处理，符合《中华人民共和国固体废物污染环境防治法》《废弃危险化学品污染环境防治办法》等相关规定后，方可废弃。不得随意排放、丢弃、倾倒、堆放，不得将危险废物混入其他废物和生活垃圾中。

实验人员负责分类集中收集，不得与生活垃圾混放，根据不同属性分别处理：

①无害固体废弃物。实验室垃圾不得丢弃于实验楼走廊内，必须用垃圾袋或垃圾桶存放于各个实验室内，由实验员或学生送到废弃物收集站集中存放，不得与生活垃圾混放。

②有害固体废弃物。产生这些固体废物后应及时装入容器，贴好标签，并做详细的记录，送废弃物收集站存放。积存到一定量时及时联系相关单位进行统一处理。

③废弃试剂。过期或由于其他原因不再使用的废弃试剂应原瓶存放，保持原有标签。积存到一定量时应及时联系相关单位进行统一处理。

④电子废弃物。实验室常见的废弃物还有一种是电子废弃物（俗称"电子垃圾"），是实验室被废弃不再使用的电器、电子设备或各类电子器件等，主要包括电冰箱、空调、洗衣机、电视机等电器，以及计算机、电路板等电子科技的淘汰品。

⑤污泥及固体类废弃物。如无机污泥、有机污泥等固体废弃物，需用密封袋统一包装好后，再集中回收，切勿将此类废弃物放入废液收集桶内。

处理废液（物）的委托单位需由本单位安全管理部门收集、提供其相关证明材料，安全管理部门组织相关人员对其进行评价。废液（物）应按照类别分别置于防渗漏、防锐器穿透等符合国家有关环境保护要求的专用包装物、容器内，并按《中华人民共和国固体废物污染环境防治法》《医疗卫生机构医疗废物管理办法》和《医疗废物专用包装物、容器的标准和警示标识的规定》等国家规定要求设置明显的危险废物警示标识和说明。

（3）收集周转桶上的标示说明

1）容器标示（无标签不回收）。容器标示所使用之标签应贴于储存容器上，并贴于明显地方，易于辨识。标签至少包括废液名称、部门名称、废液特性。

2）标签记录管理。每个部门配备安全员管理，分配废液收集名单、转移登记信息。

（4）废弃物（液）转运要求：

1）废试剂（液）存放时，瓶口应向上，液体、固体分开收集。如重金属试剂、氧化剂、还原剂、酸、碱、溶剂分类收集，并标识清楚。

2）各实验室应根据各类废试剂（液）类别、特性进行标识，分类收集，摆于木箱、塑料箱或硬纸箱内，密封良好。

3）各实验室按照所管理规定时间范围运送已收集的废试剂，并保证不含放射性、爆炸性、传染性类物质。

4）为节约实验废物处理费用，请实验室遵循尽可能对某些有毒有害废液进行无害化处理；对剧毒废液和废旧剧毒化学试剂，能利用化学反应解毒或降毒处理。

9.6 应急措施

实验室应配备紧急处理意外伤害的急救药箱：如消毒液、清洗液、洗眼杯、烫伤膏、包扎用品等，放于固定位置，便于使用，并定期更新。当实验室发生废水、废气、危险废物或病原微生物泄漏或扩散，造成或可能造成严重环境污染或生态破坏时，应当立即采取应急措施。通报可能受到危害的单位和居民，并向市环境保护行政主管部门和市卫生行政主管部门报告，接受调查处理。实验室的任何人员都有责任、义务和权利采取防止灾害蔓延的一切措施。

9.7 监督与控制

各部门负责人应对本单位的废液、废物、废气等有可能构成环境污染或影响员工健康、安全的因素落实控制与排放措施。各部门负责人应定期对实验室相应设施的完好性和环境条件的符合性、安全性进行检查。安全员在履行监督职责时，若发现设施设备不符合要求或废弃物未按要求进行处置时，应提出纠正和整改通知，必要时责成工作人员终止实验。

9.8 大连化物所环境保护具体要求

大连化物所根据相关安全法律、法规，结合本所实际情况，制定了一套环境保护管理要求，具体见表9-2。

表9-2 环境保护要求

项目	管理要求
环境保护	1. 实验室产生的强酸强碱、有毒高浓度有机废液不得排入下水道，应分类回收在桶中，每周所内统一回收处理；其他废液原则上应满足园区污水处理设施进水指标要求（化学需氧量 $COD \leqslant 300mg/L$，pH 值为 6~9），达不到指标要求的，进行预处理后方可排放，否则做每周所内统一回收处理。 2. 实验产生的有毒有害尾气必须经过吸收处理后方可排放（待处理气体不能与吸附剂发生反应尤其是放热反应，活性气体不能采用易燃吸附剂，可使用分子筛等比表

续表 9-2

项目	管理要求
环境保护	面积较大的固体吸附剂处理后由通风橱排放，如 O_3 不可使用活性炭吸附；惰性常温载气携带催化剂表面焦油等污染物考虑洗气瓶后端加高比表面积活性炭吸附处理后排放）。 3. 开展有毒、产生气味性的实验时，应关闭实验室门窗，并在通风橱内进行，保证通风机械系统开启。 4. 噪声污染的设备，必须采取防治措施，不得影响周边环境。 5. 实验室要对已有的环保设施或吸收装置进行定期检查、维护保养和吸收液更换，保证处理效果。不得通过不正常运行环保设施、暗管排放等方式违法排放污染物。 6. 危险废物需放置在固定位置，设立危险废物标签，原则上不得暂存在走廊等公共部位。 7. 实验室产生的化学废液、废弃的化学品、含危险化学品的废水、泵油等，必须分类收集，标识清晰，按危险废物处理（蓝色桶为有机废液桶，红色桶为酸性废液桶，绿色桶为碱性废液桶）。 8. 实验中被污染的手套等实验垃圾不得与生活垃圾混放，应按照危险废物处理。 9. 各类破损的玻璃器皿、尖锐物品等可能造成人员划伤的废物，必须单独存放，做好标识，按照危险废物处理。 10. 废弃化学品尽量保留原包装瓶上的标签，如标签脱落，需在包装瓶上标识品名和危险特性。 11. 实验室溶剂及空瓶不要敞开放置，用完和待处置的瓶装危险废物立即拧紧瓶塞放置。 12. 剧毒物品、活泼金属、极易燃物品处置前须告知安全管理部门，做好包装及危险标识，告知现场收集人员。 13. 所有危险废物按规定时间送到指定地点统一回收处理

10 实验室消防安全及应急

实验室是进行科学研究的主要场所，平时会存放、使用种类繁多的易燃易爆化学品，同时也需使用烘箱、电炉等大功率电器，因此火灾致因多，风险性高。一旦发生火灾，人员伤亡大、损失大、扑救难度大。实验室消防安全历来是实验室安全管理工作的重中之重。

10.1 实验室消防基本知识

《机关、团体、企业、事业单位消防安全管理规定》（公安部令第 61 条）第十三条将寄宿制学校、重要科研单位定义为消防安全重点单位，第十九条将容易发生火灾、一旦发生火灾可能严重危及人身和财产安全以及对消防安全有重大影响的部位确定为消防安全重点部位。实验室因使用易燃、易爆化学品以及烘箱、马弗炉、冰箱、气体钢瓶等有火灾危险性的仪器、设备，火灾风险高，属于消防安全重点部位。

根据《建筑设计防火规范（2018 年版）》（GB 50016—2014）规定，按照燃烧对象的性质不同，火灾分为 A 类火灾、B 类火灾、C 类火灾、D 类火灾、E 类火灾以及 F 类火灾。其中，A 类火灾是指固体物质火灾，通常是指在燃烧时能产生灼热余烬的有机物，如木材、纸张等；B 类火灾是指液体或可熔化固体火灾，如乙醇、煤油、石油醚、沥青、石蜡等；C 类火灾是指气体火灾，如天然气、乙炔、一氧化碳、氢气等；D 类火灾是指金属火灾，如金属钾、金属钠等；E 类火灾是指带电火灾，如正在运行的电脑、服务器、变压器及电子设备等；F 类火灾是指烹饪器具内的烹饪物火灾，如动物油脂、植物油脂等。实验室发生火灾时，一定要根据火灾类型施放合适的灭火剂，方可扑灭火灾，否则，轻则灭火剂无效不能扑灭火灾，重则导致火灾进一步扩大乃至产生爆炸。

10.2 实验室消防安全管理规定

实验室消防安全管理规定是消除火灾隐患，降低火灾发生频率的重要手段。

(1) 实验人员要严格执行"实验室八不准"规定，即

1) 不准吸烟。

2) 不准乱放杂物。

3) 不准实验期间人员脱岗。

4）不准堵塞、遮挡安全通道。

5）不准违反实验操作规程。

6）不准将消防器材挪作他用。

7）不准违规存放易燃药品、物品。

8）不准做饭、住宿。

（2）实验人员务必清楚实验所用物质的危害性和实验过程中可能产生的危险性。

（3）实验室内特殊的电器，高温、高压等危险设备必须有相应的防护措施，应严格按照设备的使用说明及注意事项使用。

（4）实验人员须了解本岗位的火灾危险性，并掌握预防措施和扑救方法。

（5）实验人员在实验过程中要随时检查实验仪器设备、电路、水、气及管道等设施有无损坏和异常现象，并做好安全检查记录。

（6）实验时必须配有防火、防爆的基本设施。

（7）实验必须采用明火加热时，需备案登记。

（8）非防爆型冰箱内不得存放易燃液体，普通烘干箱不准烘干易燃液体。

（9）严禁闲杂人员特别是儿童进入实验室，防止因外人的违章行为导致火灾。

（10）实验结束后，应对各种实验器具、设备和物品进行整理，并进行全面仔细的安全检查，清除易燃物，关闭电源、水源、气源，确认安全后方可离开。

10.3　实验室火灾扑救常识

实验室相关人员须熟知各类常见灭火器材及使用方法，当实验室失火时，切莫惊慌失措，应沉着冷静及时处理。只要掌握了必要的火灾扑救知识，根据现场的情况，选择合适的灭火器材，一般可以在火灾初期迅速灭火。

不同的火灾类型需要采用不同的灭火器材，否则可能会适得其反，表10-1为常见灭火器材的适用范围及使用方法。

表10-1　常见灭火器材的适用范围及使用方法

灭火器种类	使用原理	适用范围	使用方法
干粉灭火器	利用二氧化碳或者氮气作为动力，将干粉灭火剂喷出灭火	碳酸氢钠干粉灭火器适用于易燃、可燃液体、气体及电器设备的起初灭火。磷酸铵盐干粉灭火器除可用于上述情况外，还可扑救固体类物质的起初火灾	使用前将灭火器上下颠倒几次，使筒内干粉松动。然后将喷嘴对准燃烧最猛烈处，拔去保险销，压下压把

灭火器种类	使用原理	适用范围	使用方法
二氧化碳灭火器	二氧化碳不能燃烧，会把燃烧点周边的氧气隔绝掉	适用于扑救精密仪器、600V以下电气设备、图书资料、易燃液体和气体等的初期火灾。不能用于扑灭金属火灾，也不能扑灭含有氧化基团的化学物质引起的火灾	拔出灭火器的保险销，把喇叭筒往上扳70°～90°。一只手托住灭火器筒底部，另一只手握住启动阀的压把。对准目标，压下压把
沙箱	隔绝空气，降低油面温度	干沙对扑灭金属起火、地面流淌火特别安全有效	将干燥沙子贮于容器中备用，灭火时，将沙子撒于着火处
灭火毯	隔离热源及火焰	由玻璃纤维等材料经过特殊处理和编制而成的织物，能起到隔离热源及火焰的作用，盖在燃烧的物品上使燃烧无法得到氧气而熄灭	双手拉住灭火毯包装外的两条手带，向下拉出灭火毯。将灭火毯完全抖开，平直在胸前位置或将灭火毯覆盖在火源上同时切断电源或气源，直至火源冷却
消火栓	射出充实水柱，扑灭火灾	从消火栓管网中直接取水用于灭火	打开消火栓门，取出水带连接水枪，甩开水带，水带一头插入消火栓接口，另一头接好水枪，摁下水泵，打开阀门，握紧水枪，将水枪对准着火部位出水灭火

同时，火灾初期应遵循"先控制、后扑灭，救人先于救火，先重点后一般"的原则；火势蔓延失去控制时，应迅速撤离，并通知其他人有序撤离；当消防队抵达时，须如实提供具体火情信息，这对于后续救援和扑灭火灾至关重要。

以下介绍几种实验室常见的火灾扑救方法：

（1）一旦失火，首先采取有效措施防止火势继续蔓延，并应立即熄灭着火点附近所有火源，切断电源，移开易燃易爆物品，并视火势大小，采取不同的扑救方法。

（2）对在容器中（如烧杯、烧瓶、热水漏斗等）发生的局部小火，可用石棉网、表面皿或者沙子等覆盖灭火。

（3）有机溶剂在桌面或者地面上蔓延燃烧时，不得采用水源灭火，可在着火点撒上细沙或用灭火毯灭火。

（4）对钠、钾等活泼金属着火，通常用干燥的细沙覆盖。严禁用水源灭火，否则会导致剧烈爆炸，也不能采用二氧化碳灭火器。

（5）若衣服着火，切勿试图奔跑灭火，以免风助火势。化纤织物等衣物最好立即脱除。一般小火可用湿抹布、灭火毯等包裹使火熄灭。若火势较大，可就近采用水龙头浇灭。必要时可就地卧倒打滚，一方面防止火焰烧向头部，另一方面身体在地上压住着火处，使其熄灭。

（6）在反应过程中，如果因冲料、渗漏、油浴着火等引起反应体系着火时，情况比较危急，处理不当会加重火势。扑救时必须谨防冷水溅在着火点附近的玻璃仪器上，也必须谨防灭火器材击碎玻璃仪器，造成严重的泄漏而扩大火势。有效的扑灭方法是用几层灭火毯包住着火部位，隔绝空气使其不具备燃烧条件而熄灭，必要时在灭火毯上撒些细沙。若仍不奏效，则必须使用灭火器，由火场的周围逐渐向中心处扑救。

10.4 事故案例

10.4.1 烘箱着火事故

事故经过：2017 年某单位一烘箱内发生明火，烘箱门被顶开，周边实验室工作人员发现后即用附近灭火毯将明火扑灭。

事故原因：实验员在重复以往文献实验过程中改变实验温度条件（文献要求 80℃），将微量纤维素、柠檬酸钠、硝酸银、氢氧化钠及水等物料混合后反应放入到 110℃烘箱内，当物料中水分等蒸发后形成可燃物，在 110℃高温环境中升华着火。

10.4.2 油浴锅着火事故

事故经过：2017 年某单位一通风橱内油浴设备发生明火，物业人员用消火栓进行控制灭火。后勘查发现，通风橱内油浴锅导热油、搅拌器等装置全部烧毁，通风橱上部烧塌，通风橱软连接塑料管和弯头碳化脱落，窗户玻璃部分破损或裂纹，实验室墙壁熏黑。

事故原因：电子节能温控仪长期使用过程中，元件老化，造成负载加热管全功率加热，导致油浴锅内导热油（闪点 210℃，沸点 350℃）气化着火，高温和明火引起通风橱内其他可燃物品燃烧。

10.5 实验室消防应急

除了火灾产生的高温、有毒烟气威胁着火场人员生命安全，火灾的突发性和火情的瞬息万变也会严重考验火场人员的心理承受能力，从而影响他们的行为。被烟火围困的人员往往会在缺乏心理准备的情况下，被迫瞬间作出相应的反应，一念之间决定生死。火场上的不良心理状态会影响人的判断和决定，可能会导致错误的行为，造成严重后果；只有具备良好的心理素质，准确判断火场情况，采取有效的逃生方法，才能转危为安。

（1）平时工作中注意熟悉实验室的逃生路径、消防设施及自救的方法，积极参与应急逃生演练。

（2）火灾发生时，应保持冷静、明辨方向、迅速撤离，千万不要相互拥挤、横冲乱撞。应尽可能往着火点楼层下方跑。若通道已被烟火封阻，才应背向烟火方向离开，通过阳台、气窗、天台等往室外逃生，安全疏散指示标识如图 10-1 所示。

图 10-1　安全疏散指示标识

（3）为了防止火场浓烟呛入，可采用湿毛巾、口罩等蒙住鼻孔，匍匐撤离。浓烟中也可以佩戴充满空气的塑料袋逃生。

（4）严禁通过电梯逃生。若楼梯已被烧断、通道被堵死时，可通过屋顶天台、阳台、落水管等设施逃生，或在固定的物体上拴绳子，然后手拉绳子从着火楼层缓缓而下。

（5）如果火情迅猛导致无法撤离，应退居室内，关闭通往火区的门窗，还可采取向门窗上浇水，用湿布条塞住门缝，并向窗外伸出衣物、抛出物件、发出求救信号或者呼喊、打手电筒等方式发送求救信号，等待救援。

（6）如果身上着火，切记不可奔跑或者拍打，应迅速撕脱衣物，并通过泼水、就地打滚覆盖厚重衣物等方式压灭火苗。

（7）生命第一，切记不要因为贪恋财物等其他原因而重返火场。

（8）每年应至少参加一次单位组织的消防应急演练。

10.6　大连化物所实验室消防安全及应急具体要求

大连化物所根据相关安全法律、法规，结合本所实际情况，制定了一套消防安全及应急管理要求，具体见表 10-2。

表 10-2　实验室消防安全及应急具体要求

项目	管理要求
消防安全	1. 在所区动火必须办理动火作业申请（动火作业许可证见表10-3）。动火中应注意： ①任何盛装有毒有害、易燃易爆的容器或系统，在必要动火前，必须彻底清理。 ②严格遵守动火时间，动火前清除现场周围易燃、可燃物，检查确认无火灾危险，动火结束要清除火种。 ③动火负责人、监护人、动火操作人要认真履行消防安全职责。 ④针对动火施工现场的工作特点，施工单位应配备消防灭火器材、施工人员应熟悉灭火器材使用方法，必要时要制定灭火实施方案。 2. 工作人员应懂得火灾的危险性、预防措施、扑救方法和逃生方法；会报警，会使用灭火器材，会灭初期火，会逃生。最常用干粉灭火器的使用方法：拔掉保险销，喷嘴对准火焰根部，握紧把手进行扫射；逃生过程中不得乘坐电梯，由疏散楼梯逃生等。 3. 实验室常用电炉、煤气炉、酒精灯、喷灯等明火设备，应充分考虑实验室环境，办理备案手续，专人负责管理。存放易燃易爆化学品的部位不得使用明火设备。如发生着火，先用灭火毯进行覆盖，然后使用灭火器进行二次灭火。常用明火部位备案表见表10-4。 4. 工作人员应熟悉消防设施放置位置，严禁挪用、损坏、阻挡消防设施，保证其安全使用。 5. 走廊、楼梯、安全出口等禁止堆积和摆放妨碍消防通道的杂物和设备。 6. 油浴操作中应设置灭火毯等防火设施。灭火毯由安全管理部门统一配备，使用时要注意保护自己身体并进行覆盖灭火。 7. 禁止在所区禁火区吸烟。 8. 使用碱金属等特殊危险化学品的部位，使用部门应配置专用灭火器材并定期检查。 9. 实验室、办公室和库房等部位不得堆放空纸箱等易燃物。 10. 各部门在实验室、办公室和库房等装修改造中形成的独立区域必须加装感烟探测器。 11. 实验室要明确房间安全责任人。 12. 使用明火的部位要清理周边可燃、易燃物品及承压设备。 13. 高温及易起静电的仪器设备周边不得放置易燃物品。 14. 正确识别消防安全标志，如安全出口、疏散指示等。 15. 常压操作时，避免形成密闭体系；减压操作时，禁止使用平底瓶；加压操作时必须安装安全附件。 16. 实验结束后立即关闭气源和电器开关，熄灭火源，清除可燃易燃物质。 17. 实验室布局要充分考虑空间和正常通道，便于检修和疏散。 18. 实验室应在醒目位置张贴各项实验安全操作规程。 19. 实验室在建筑方面应考虑安全、防护、疏散方面要求，有可燃气体产生的实验室不应设吊顶，实验工作区和办公休息区应隔开设置，实验室的门应向疏散方向开启且采用平开门

项目	管理要求
应急处置	1. 制定和编制现场处置方案。现场处置方案要素包括：事故特征，应急组织及职责，应急处置程序，注意事项。 2. 放置特殊化学品的房间及部位要配置相应的应急物资并定期检查。 3. 室外着火时，不要急于开门，以防大火窜入室内，应用浸湿的衣物等将门窗缝堵塞，并泼水降温。困在室内时，用挥舞衣物、呼叫、打手电等方式向窗外发送求救信号，等待救援，不应贸然跳楼逃生。 4. 工作、学习中要熟悉逃生路线，发生火灾时披上浸湿的衣物等向安全出口方向逃生，不可乘坐电梯。 5. 穿过浓烟逃生时，要尽量使身体贴近地面，并用湿毛巾捂住口鼻。 6. 身上着火时，不要奔跑，可就地打滚或用厚重的衣物压灭火苗。 7. 对烧伤者，在隔断热源后，应尽量使其呼吸畅通，然后小心除去伤者创面及周围的衣物、皮带、饰品、鞋等。对黏在创面的衣物等，应先用冷水降温后，再慢慢地除去。自行处理后就医。 8. 当遇到严重烫伤或烧伤病人时，应用敷料（如清洁的布料等）遮盖伤处，立即送往医院救治。 9. 使用强碱的实验室应配备 2% 硼酸溶液，使用强酸的实验室应配备 3% 碳酸氢钠溶液，以用于化学灼烫的应急处置。 10. 高温烫伤后，要迅速除去热源，离开现场，在第一时间用清水冲洗伤口 10min 以上。如烫伤较轻无伤口，可用獾油、烫伤药膏或牙膏涂在患处。自行处理后就医。 11. 发现有人触电后，应立即关闭开关、切断电源。若无法及时断开电源，可用干木棒、皮带、橡胶制品等绝缘物品挑开触电者身上的带电物品。并立即拨打急救电话、就地抢救。如呼吸停止，应采用人工呼吸法抢救；如心脏停止跳动，应进行人工胸外心脏按压法抢救。 12. 发生氯气、氨气等有毒气体泄漏、中毒后，事故区域（特别是下风向）的人员应尽快撤离或就地躲避在建筑物内。在对中毒者施救中应在做好个人防护的情况下，将中毒者移到空气新鲜的地方，使其保持呼吸道畅通，迅速用大量清水清洗污染的皮肤，同时要注意保暖。眼内污染者，用清水至少持续冲洗 10min。对呼吸、心跳停止者立即施行人工呼吸和胸外心脏按压，同时给氧。立即送往医院救治。 13. 电梯速度不正常时，应两腿微微弯曲，上身向前倾斜，以应对可能受到的冲击；电梯突然停运时，不要扒门爬出，以防电梯突然开动。被困电梯内时，应保持冷静，立即用电梯内警铃、对讲机或电话与有关人员联系，等待外部救援。如果报警无效，可以大声呼叫或间歇性地拍打电梯门。 14. 每半年对现场处置方案进行演练并留存记录。 15. 能源楼、催化楼、研究生大厦、生物楼、激光楼设立有微型消防站，并配有空气呼吸器，供应急处置时使用

表 10-3 动火作业申请备案表

编号：[   ] 第   号

动火作业项目	
申请单位（部门）	
动火部位（范围）	
动火时间	自 年 月 日 时起至 年 月 日 时止
动火负责人	现场监护人
动火操作人	
动火操作人员资格 证件登记（证件号）	

注：此表由申请单位（部门）认真填写，经安全管理部门安全管理人员现场核实，由安全管理部门留
存备案。

动火作业许可证

编号：[   ] 第   号

申请单位（部门）	动火部位（范围）
动火时间	自 年 月 日 时起至 年 月 日 时止
危险、有害因素识别	

安全防火措施及要求：

安全管理部门意见	签字： 年 月 日

表 10-4 常用明火部位备案表

编号 [   ] 第   号

使用部门		使用部位	
明火设备名称			
现场安全负责人		联系电话	
使用时间	自 年 月 日 时至 年 月 日 时		

采取的安全措施：

安全管理部门意见：

签字：

年　　月　　日

注：1. 设备名称是指电炉、煤气炉等常用的明火设备；2. 明火设备必须有专人负责管理，人员变更或超期应及时通知本单位安全管理部门；3. 备案后领取安全警示标志，张贴于常用明火部位的明显位置，备查。

11 加氢反应操作安全注意事项

加氢反应是氢与其他化合物相互作用的反应过程，通常是在催化剂存在下进行的。氢的来源很多，这里以氢气为氢源加氢反应提出加氢操作的注意事项。

11.1 实验前准备工作

实验前的准备工作有以下几方面。

（1）查看实验所需材料的化学品安全技术说明书（material safety data sheet, MSDS），准备实验所需的所有原料，重点查看原料的酸碱性，因为强酸和碱对反应釜都有腐蚀，会影响其使用寿命，带来安全隐患。

（2）根据反应中所用的溶剂、充装气体的压力、反应温度计算反应体系可能达到的最大压力，其必须小于反应釜设计压力的三分之二。在开展新实验时，必须随时监控反应压力，如与计算值相差较大，需立即停止反应，分析压力过大的原因。（防爆片在反应过程中爆开的情况主要有：1）反应之前没有计算好可能达到的最大压力，即其充装的压力与所用溶剂在反应温度下会产生超出反应釜承受的压力；2）爆破片长期在高于设计压力三分之二下使用，超出疲劳；3）反应体系有气体产生，导致系统压力急剧增加，超出反应釜压力承受范围；4）反应体系中同时存在氧化剂和还原剂，发生了爆炸反应。其中1）、2）、4）需要在开展实验前进行排除，3）需要在进行实验时进行密切观察。）

（3）仪器设备的检查：

1）检查反应釜是否漏气以及反应釜不锈钢管道与阀门是否老化、不可用，以及接头处是否松动，釜的表头是否正常等。

2）如果有热电偶需要检查热电耦温度计是否正常可用，线路是否完好不漏电以及电线是否老化等问题，在插热电偶时注意插到底，以准确控制温度。

3）控制仪的检查：检查开关的灵敏性，数显的温度性等。

4）检查气瓶的压力：如果是气体管路供气，检查管路是否有裂纹，是否畅通；同时注意氢气瓶不能和氧气瓶放一起。

5）检查搅拌器的搅拌情况或磁子的磁力。

11.2 投料

在投料过程中装入反应介质时应不超过釜体2/3液面。如果体系需要无水无氧操作，小釜的反应可以在手套箱中操作。如果是大釜的反应，只能采用真空抽尽体系中的空气后，用氮气瓶向体系中通入氮气，再抽尽氮气，如此重复操作3~5次来置换体系，每次操作尽量缓慢，以免将里面的反应物冲飞，飞溅到反应釜内壁上。

11.3　装釜和充气

在加完料后，装反应釜时，上螺丝时要对号入座。用手拧紧后，再用扭力扳手成十字形对称的上螺丝，以避免受力不均。螺丝不要一次扭到位，分多次拧对角螺丝，逐步加力对称上紧。

装完釜充气，将氢气钢瓶与加氢反应釜进气口通过导管连接，拧紧相关螺丝。开启氢气瓶总阀及分压阀，先将分压阀的压力调节到实验所需的压力，再开启反应釜进气阀，使气体缓慢充入反应釜内，当反应釜显示的压力值到所需气压值时，关闭反应釜的进气阀，然后从出气阀缓慢放开气体，放完后再关上出气阀，打开进气阀充入氢气，这样反复操作3~5次，最后充入所需压力的氢气。

按顺序关闭反应釜进气阀和氢气瓶的出气阀：

(1) 在充气的过程中一定要缓慢充入，以免气体将反应釜体系中的物体冲溅到反应釜内壁；(2) 放气的时候也要缓慢，以免放气太快将里面的溶剂一起带出；(3) 充的气体压力不要超过反应釜配置的压力表量程；(4) 充气时不要接错管线。

11.4　反应过程

充完气后，进行搅拌反应。要注意搅拌匀速，以免搅拌太激烈使釜内反应液飞溅，导致原料不能完全反应。如果反应需要用油浴加热，在开反应前就应该打开油浴调好温度，让其温度能稳定，以免油浴油温不稳定，温度过高导致釜内压力过高而发生事故。

如果反应中间需要取样监测：从出料口缓慢放出一点。放气时一定要缓慢操作，以免冲出过多物料。放完料后及时清洗出样口，以免有残留而影响下次取样。

11.5　后处理

反应结束，体系冷却到室温（如果是加热的反应一定要冷却到室温），在通风橱中缓慢打开出气口放掉氢气。确保加氢反应釜内压力全部放空，用扭力扳手呈十字形对称松开主螺母，缓慢、平稳的将釜体与釜盖分离，应特别注意保护密封面，避免釜盖和釜体的密封环遭受碰撞而导致损坏密封面，避免釜盖和釜体的密封环遭受碰撞而导致损坏。

将料从釜中取出。及时清洗高压釜，在清洗的过程中切勿将水或其他液体流入加热炉及接线盒内，防止加热器断路烧坏加热器。同时也应该特别注意保护密封面，避免釜盖和釜体的密封环遭受碰撞而导致损坏密封面，避免釜盖和釜体的密封环遭受碰撞而导致损坏。盖好以后，应检查反应釜上下接口处是否对齐，轻轻旋动釜盖，确认釜盖已经放平密封环接触良好，加入垫片后，开始上螺丝，将反应釜放在指定位置。

12 氧化反应操作安全注意事项

氧化反应，是物质失电子的过程。有机物氧化反应，指的是有机化合物引入氧或脱去氢的过程。通常使用氧气、空气或化学氧化剂，选取合适的催化剂体系，实现有机物的氧化转化。本章主要针对有机物氧化反应，提出操作安全注意事项。

12.1 安全检查工作

12.1.1 药品与试剂安全性检查

首先，应查看反应所需材料的化学品安全技术说明书（material safety data sheet，MSDS），充分了解反应原料、溶剂、氧化剂等药品的危险性与毒性，查询其各项性能参数，判断是否具有腐蚀性、分解性、易燃性、强酸（碱）性与强腐蚀性，是否对碰撞或摩擦敏感。例如，有机过氧化物闪点低、易燃，危险系数很高，极易发生爆炸性自氧化分解，应谨慎操作，小心选择反应温度，避免外力摩擦。部分醚类化合物，容易形成过氧化物，使用前应注意除去，避免危险。浓硫酸，具有强氧化性和腐蚀性，遇水强烈放热，使用时不得将水直接加入浓硫酸中。根据具体情况，充分考虑到药品与试剂的安全性，掌握其使用注意事项，使用时注意严格遵守操作规范。

12.1.2 氧化反应安全性检查

合理选用物料配比，不得接近爆炸下限。检查原料在反应条件下所有可能发生的反应，是否产生压力剧烈变化，产物是否有危险性与毒性，反应体系是否对反应装置具有腐蚀性等。例如，当有机过氧化物同时与酸类、重金属化合物、金属氧化物或胺使用时，应注意可能剧烈分解产生有害或易燃气体，甚至爆炸。当分解产物含有气体或易挥发物质，应注意尾气的安全排放。当使用强酸性反应原料或溶剂时，应注意其在一定温度和压力下对反应釜和热电偶造成的腐蚀问题，将导致控温失灵、泄漏等安全隐患。当使用 Pd/C 等高活性催化剂，需要预先在氮气等气氛中钝化一定时间，避免直接接触氧气或空气导致燃烧或爆炸。注意检查氧化反应的安全性，全面排查氧化反应存在的各类潜在安全隐患。

12.1.3　氧气钢瓶的安全性检查

氧气是常用的氧化剂，应特别注意氧气钢瓶使用安全。

氧气钢瓶应安装防回火装置，定期检查减压阀、管路，防回火装置是否泄漏、磨损、接头松懈，气瓶不得接近热源、电源、易燃易爆物品。装卸氧气瓶时，严禁使用沾有油脂的工作服、手套、装卸工具、机具。氧气瓶阀严禁沾有油脂，并使用氧气专用减压阀。开启或关闭瓶阀时，注意速度要缓慢，防止产生摩擦热或静电火花。注意使用手或专用扳手，避免损坏阀件。打开氧气钢瓶阀门时，应注意人所处的位置避开出气口。瓶内氧气不得用尽，并关闭阀门防止漏气，保持正压。如果发现问题，注意及时处理。

12.1.4　反应设备安全性检查

12.1.4.1　反应装置

注意检查反应釜、阀门和不锈钢管道是否存在泄漏、磨损、老化等问题，检查接头处是否松动，确认压力表是否正常，反应前进行气密性检查。反应釜配置的压力表量程应超过反应压力的 1.5 倍。检查管路是否有裂纹、是否畅通、是否漏气。注意不得使泄爆口与压力表同处在一个方向，避免操作人读取压力数值时存在安全隐患。

12.1.4.2　温度控制与搅拌装置

检查温度控制仪、热电偶、温度计等是否温度指示正常，注意将热电偶插到底部，尽量避免弯折，以提高使用寿命。

注意检查磁力搅拌器和磁子是否正常。对于高温氧化反应，普通磁子容易消磁，需要使用特定磁子。

12.1.4.3　反应压力控制与泄压防爆装置

注意在反应釜管路上加单向阀，充装氧气（或空气），避免氧气（或空气）回流到管路。反应釜应安装防爆片，不得让爆破片长期在高于设计压力 2/3 下使用。防爆片方向不可以对着自己或旁人。

注意提前计算反应温度下氧气（或空气）充装压力和反应体系蒸汽压，使得氧气（或空气）、反应物和溶剂在反应温度下产生的压力不得超出反应釜设计压力的 2/3。随时观察反应压力是否异常，如压力迅速升高或高出正常值，需立即停止反应，并降温处理。例如，当使用甲醇等低沸点溶剂时，升高反应温度到一定值，将会造成压力迅速飙升。当反应中产生大量自由基时，或者使用高活性催化剂，氧化反应将迅速放热，导致压力迅速升高，温度难以控制，产生安全隐患。当反应体系有气体产生，导致压力急剧升高，超出反应釜压力承受范围。注意谨慎选择并严格控制反应温度，避免压力不可控情况发生。

12.2 氧化反应安全操作注意事项

12.2.1 玻璃仪器中氧化反应操作

使用强氧化剂或腐蚀性药品试剂时（例如，高价金属盐、硝酸、硫酸、氯酸钠、臭氧、过氧化氢、硝基物、过氧酸等），注意做好防护措施，佩戴防护眼镜、手套、面罩或口罩等，严格注意避免接触皮肤。对于有浓硫酸参与的氧化反应，不得将水直接加入到浓硫酸里面，注意缓慢地将浓硫酸加入水中。对于氧化反应剧烈的情况，应严格控制加料速度，固体物料应粉碎后加入，不得快速加入氧化剂，否则会造成大量放热，引发爆炸或燃烧。反应后，应彻底清洗除去强氧化剂，不得将残余的氧化剂随样品一起放入烘箱内。玻璃仪器存在碎裂爆炸等安全隐患，尤其当氧化反应剧烈时，必须拉下通风橱玻璃，佩戴防护眼镜，避免直接面对玻璃反应仪器观察实验。

12.2.2 高压釜氧化反应操作

投料时，注意移液管或移液枪不要接触釜口，使得物料损失；物料总体积不得超过反应釜体积的2/3。投入催化剂后，称量用纸不得随意丢弃，特别是Pd/C等高活性催化剂易引发燃烧等安全事故。

密封反应釜时，依次放入垫片和螺丝，先用手拧螺丝，再用扳手对角、分次地拧紧螺丝，避免受力不均损伤螺丝与釜的密封面，产生漏气隐患。打开反应釜时，依照相同原则，对角、分次地拧松螺丝。注意始终避免釜盖和釜体的密封环发生碰撞，损坏密封面，导致密封不严。

缓慢开启气瓶总阀及分压阀，注意不要使分压阀压力远超实验压力。反应前先充入一定压力的氧气、空气或氮气，保持一定时间之后，观察压力是否可以维持，注意排除漏气可能。开启反应釜的进气阀，使氧气或空气缓慢充入反应釜内，达到预定气压值后关闭进气阀。然后缓慢打开出气阀，排放气体后关闭出气阀。反复操作三到五次。然后根据需要充入一定压力的氧气或空气。在充装气体或排放气体时，注意不得速度过快，防止反应液体喷溅。

反应开始阶段，当首次充入氧气或空气时，由于氧化通常为放热反应，将可能导致温度迅速升高，此时注意控制反应温度。尤其是大型反应釜，应配置降温系统，及时、快速移走反应产生的热量，避免温度飙升，达到安全目的。

反应过程中，氧气不断消耗，注意观察压力读数时，不可以靠近泄压阀或防爆片端。持续补充氧气到反应釜中时，应注意缓慢旋开进气阀门，不得快速打开，否则可能造成氧气快速涌出、燃烧，造成安全隐患。

　　反应结束，将反应釜冷却到室温，在通风橱中缓慢打开出气阀门，放掉反应气。注意出气阀门不得对准自己或者旁人。注意不得在未完成降温的情况下，排放气体。如果反应产生有毒有害气体，必须通过气体吸收装置进行处理。

　　分析完，反应液倒入废液桶，应注意不能与废液桶中其他废液发生剧烈反应，以免引起爆炸或燃烧事故。

　　及时清洗反应釜，注意避免将水或洗涤液体流入表头或加热装置内，防止表头和电路损坏。注意保护密封面，避免用刷子、钢丝球、去污粉等清洗釜盖和釜体的密封环，避免划痕，防止损坏漏气。清洗干净后干燥，放置待用。

13 磺化反应操作安全注意事项

磺化反应，是指有机化合物分子中引入磺酸基（—SO₃H）、磺酸盐基（如—SO₃Na）或磺酰卤基（—SO₂X）的化学反应。根据取代原子不同，磺化反应分为直接磺化和间接磺化。直接磺化是指直接取代碳原子上氢原子的磺化反应，主要用于芳香族化合物的磺化；间接磺化是指碳原子上的卤素或硝基被取代的磺化反应，通常用于脂肪族化合物的磺化。常用的磺化剂有硫酸（包括发烟硫酸）、三氧化硫、氯磺酸、硫酰氯、亚硫酸盐、氨基磺酸等。硫酸是最温和的磺化剂，用于大多数芳香化合物的磺化；氯磺酸是较剧烈的磺化剂，用于磺胺药中的浸提制备；三氧化硫是最强的磺化剂，常伴有副产物砜的生成。磺化剂强弱取决于所提供的三氧化硫的有效浓度。本章主要针对使用硫酸、氯磺酸等常见磺化剂对有机聚合物进行的磺化反应，提出磺化工艺操作安全注意事项。

13.1 安全检查工作

13.1.1 药品与试剂安全性检查

首先，应阅读磺化剂化学品安全技术说明书，充分了解其理化特性，认识其危险性与毒性，查询其各项性能参数。对使用化学品的储存、运输、使用过程中的职业健康危害及环境危害充分认知。特别地，磺化剂一般都具有强腐蚀性、强酸性、强氧化性。例如，典型的磺化剂氯磺酸遇水猛烈分解，产生大量的热和浓烟，甚至爆炸；在潮湿空气中与金属接触，能腐蚀金属并放出氢气，容易燃烧爆炸；与易燃物和可燃物接触会发生剧烈反应，甚至引起燃烧。要充分考虑到化学品的危害性，掌握其使用注意事项，尤其注意磺化剂和反应试剂的投料顺序。使用时注意严格遵守操作规范。

13.1.2 反应设备安全性检查

13.1.2.1 反应装置

反应装置处应具备局部通风或全面通风换气设施。操作者定期检查反应釜是否存在泄漏、磨损、老化等问题，检查各种接头处是否松动，检查出料口是否泄漏、破损，存在任何上述问题，应立即停止，修理好后再使用。操作者在每次使用前应逐项检查，合格后填写《反应前设备巡检表》。需要严格注意，不得使泄爆口方向正对操作人员，避免操作人作业时存在安全隐患。

13.1.2.2 温度控制与搅拌装置

检查循环油浴、温度控制仪等是否正常。检查夹套导热油管路连接是否完好，是否存在泄漏。定期检测温度指示精度，保证油浴温度表温度与实际温度相符。

注意检查机械搅拌是否正常，搅拌桨与反应釜间距是否合适，避免搅拌过程中搅拌桨与反应釜接触，以防搅拌桨停止/破裂、搅拌不均或局部反应过热，发生喷溅、甚至爆炸等事故。此外，应注意保证温度传感装置位于反应液面以下，显示温度与实际反应温度相符。

13.2 磺化反应安全操作注意事项

13.2.1 磺化反应前准备阶段

操作者进行磺化反应前，应经过专门培训，掌握操作规程。具体操作前，操作者应先佩戴好个人防护用具，以避免眼和皮肤与磺化剂接触或吸入蒸汽。检查反应釜是否充分干燥，禁止有水或上次反应残留杂质。关闭好出料口，低速开动机械搅拌，油浴升高到一定温度，并检查控温是否正常。检查反应原料是否充分干燥。

13.2.2 填料阶段

从加料口小心加入计量的磺化剂，注意加入速度不可过快，防止喷溅。注意磺化剂加入量不要过多，不能超过反应釜最大容积的1/2。注意分批少量加入计量反应原料，防止磺化剂飞溅。严格按照正确的加料顺序操作，即先加入磺化剂，再加入反应原料，保证操作安全。

13.2.3 反应阶段

待反应原料充分溶解后，缓慢升温升至指定温度，在指定时间内进行反应。反应过程中应保证一直有专人值守，并监控反应体系温度是否稳定，防止温度失控，观察反应状态，避免剧烈反应发生。

13.2.4 反应后出料阶段

反应结束后，少量慢速出料，防止反应液飞溅泄漏。如有泄漏，立即按照应急预案处理。注意反应液要出料完全，避免少量残留在反应器内。将聚合物等产品充分洗涤至中性，分离出聚合物等产品，并收集废酸水。

13.2.5   出料后收尾阶段

清理反应釜之前，再次确认反应液是否放料完全。关闭出料口，密封状态下加入大量水，反复清洗 3 次，合并酸性清洗液及上述步骤产生的废酸水。

13.2.6   废水无害化处理

在收集的废水（酸性清洗液和废酸水）中，加入一定量的碱性试剂，使废液呈中性。过程中注意防护，注意避免飞溅。最后将该废水交由专业废液处理公司进行处理。

13.3   突发情况应急预案

13.3.1   磺化剂或反应液泄漏

如发生磺化剂或反应液泄漏，应急处理人员根据人体与环境接触部位及程度，按照磺化剂的化学品安全技术说明书，采取相应的防护措施，配置防护装备，并立即进行应急处置程序处理。注意环境保护措施，收容泄漏物，避免污染环境，防止泄漏物进入下水道、地表水和地下水。

13.3.2   反应温度失控

如发生反应温度失控，应第一时间疏散无关人员，从侧风、上风向撤离至安全区；应急处理人员戴携气式呼吸器，穿防静电服，戴橡胶耐酸碱手套，关闭油浴电源开关，消除所有点火源。待反应温度充分下降后，按照磺化剂的化学品安全技术说明书进行反应液处理。

14 聚合反应操作安全注意事项

聚合反应是把低分子量的单体转化成高分子量的聚合物的过程。

14.1 聚合反应的危险性

聚合反应依据机理不同，有时需在高温、高压条件下进行，聚合反应过程中使用的单体、溶剂、引发剂、催化剂等大多是易燃、易爆物质，使用或储存不当时，易造成火灾、爆炸。尤其是所使用的引发剂、催化剂大多都是化学活性很强的过氧化物、烷基金属化合物如过氧化氢、水溶偶氮引发剂、烷基铝、烷基锌等。一旦配料比控制不当，容易引起爆聚，反应器压力骤增易引起爆炸。聚合物分子量高，黏度大，聚合反应热不易导出，一旦遇到停水、停电、搅拌故障时，容易出现挂壁和堵塞现象，造成局部过热或反应釜飞温，发生爆炸。

14.2 实验前防护

14.2.1 人身防护

根据操作中可能存在的风险，佩戴、穿着防毒面具、防护手套、护目镜、工作服等呼吸系统防护、手防护、眼睛防护、皮肤和身体防护装备。

14.2.2 作业场所防护

保证实验场所通风良好，确保有害物质有效排出；保证实验装置可靠性，避免泄漏。加强通风，设置警示标识，熟悉工作区域附近设置洗淋器。

14.3 安全检查工作

14.3.1 药品安全性检查

首先，应充分了解反应使用的单体、溶剂、引发剂、催化剂等的危险性，包括腐蚀性、挥发性、分解性、易燃易爆性、强酸（碱）性等。根据具体情况，充分考虑到所使用药品的安全性，使用时注意严格遵守操作规范。

14.3.2 聚合反应安全性检查

合理设计物料配比，不得使其处于爆炸极限范围内。检查原料在所设定反应条件下可能发生的反应以及可能形成的产物是否有危险性，整个反应过程是否与搭建的装置相互匹配，避免出现因反应装置的耐腐蚀性、耐温等级、耐压等级不足而产生危害。聚合反应中所用的溶剂，大多具有强酸性及强腐蚀性，因此反应容器就不得使用金属、塑料等材质，应使用玻璃、陶瓷等材质。

14.4　反应设备安全性检查

14.4.1　反应装置

注意检查反应釜、阀门和不锈钢管道是否存在泄漏、磨损、老化等问题，检查接头处是否松动，确认压力表是否正常，反应前进行气密性检查。反应釜配置的压力表量程应超过反应压力的 2/3。检查管路是否有裂纹，是否畅通，是否漏气。注意不得使泄爆口方向与压力表方向同处在一个方向，避免操作人读取压力数值时存在安全隐患。整套装置材质的选择应与反应设计相匹配。

14.4.2　温度控制与搅拌装置

检查温度控制仪、热电偶、温度计等是否温度指示正常。加热设备应选择有质量保障的产品。

注意检查磁力搅拌器是否正常。聚合反应的中后阶段，物料黏度较大，应适量选择搅拌电机的功率范围。

14.4.3　反应压力控制与泄压防爆装置

注意在反应釜管路上加单向阀，反应釜应安装防爆片，不得让爆破片长期在高于设计压力 2/3 下使用。防爆片方向不可以对着操作者或旁人。

14.5　聚合反应安全操作注意事项

14.5.1　聚合反应前准备阶段

实验开始之前，操作者必须先做好个人防护，检查实验装置气密性，并确保实验装置清洁、干燥，确认出料口处于关闭状态。

14.5.2　物料填充阶段

聚合反应分为间歇和连续聚合。间歇聚合物料加入时，需注意物料如单体、溶剂等的加入量。尤其是反应压力和反应温度变化范围较大时，操作者应当格外注意。水、氧敏感聚合反应加料之前，先在反应装置内通入惰性气体，惰性气体在进入装置之前要进行干燥处理。每一次加料时，应当小心从加料口加入预先设计好的剂量，注意加入速度，不可过快，应防止喷溅，物料总量不能超过反应釜最大容积的2/3。

14.5.3 反应阶段

反应阶段，须有专人值守。升温、升压过程应缓慢操作，当达到设定值时，注意观察压力、温度是否能够保持住，确保实验安全进行以及实验条件的精确性。

14.5.4 出料阶段

反应结束后，将压力调到常压状态；温度应降低至安全放料温度以下，特别是对于存在挥发性较强单体、溶剂等聚合反应，应控制出料速度，避免出料过快导致挥发物浓度高，引起闪爆、实验人员吸入等安全问题。

14.5.5 聚合物处理及储存

聚合反应的溶剂种类较多，应根据所用溶剂特点处理聚合物。因聚合物分子量大，溶剂及单体会包埋在聚合物基体中，应根据聚合物、溶剂、单体种类不同，采用特定方式进行处理。对于易挥发溶剂、单体，应注意聚合物处理过程中的安全性问题。

14.5.6 环保处理

将实验过程中产生的所有废弃物统一回收，分类存放。最后交由专业废弃物处理公司。

14.6 应急预案

14.6.1 人身伤害

吸入：如果吸入，请将患者移到新鲜空气处。

皮肤接触：脱去污染的衣着，用肥皂水和清水彻底冲洗皮肤。如有不适感，应及时就医。

眼睛接触：分开眼睑，用流动清水或生理盐水冲洗，立即就医。

14.6.2 反应温度失控

如发生反应温度失控，第一时间疏散人员，并由佩戴好个人防具的操作人员关闭油浴电源开关。待反应温度充分下降后，按照反应物的化学品安全技术说明书进行处理反应液。

14.6.3 起火

起火时，应第一时间通知所安全管理部门，对于初期火，由操作人员及时切断设备电源，在保证安全的前提下灭火；如果火势过大，无法扑灭，应设法隔离火源，以防止火势蔓延，等待专业消防人员灭火。

15   烷基化反应操作安全注意事项

烷基化反应指的是在有机物分子碳、氮、氧等原子上引入烷基，合成有机化学品的反应。涉及烷基化反应的工艺过程为烷基化工艺，可分为 C-烷基化反应、N-烷基化反应、O-烷基化反应。这里针对烷基化反应，提出操作安全注意事项。

15.1   安全检查工作

15.1.1   药品与试剂安全性检查

首先，应查看反应所需材料的化学品安全技术说明书（material safety data sheet，MSDS），充分了解烷基化剂、被烷基化物及所用催化剂等药品与试剂的危险性与活性，查询其各项性能参数，判断是否具有腐蚀性、爆炸性、易燃性、刺激性、毒性、强酸（碱）性。例如，有些被烷基化物是甲类液体，闪点低、易燃，危险系数很高，极易发生着火爆炸，应谨慎操作，控制反应温度，避免外力摩擦。部分烷基化剂比被烷基化物的火灾危险性更高，要按操作规程操作，以免发生危险。部分烷基化所用的催化剂活性强，有强烈的腐蚀性、分解性，遇水剧烈反应，容易放出大量热量，可引起火灾甚至爆炸，使用时应注意其安装操作规范，并定期更换，避免危险。根据具体情况，充分考虑到药品与试剂的安全性，掌握其使用注意事项，使用时注意严格遵守操作规范。

15.1.2   烷基化反应安全性检查

烷基化反应都是在加热条件下进行，原料、催化剂、烷基化剂等原料加料次序颠倒、加料速度过快或者搅拌中断停止等异常现象容易引起局部剧烈反应，造成跑料，引起火灾或爆炸事故。应特别注意必须控制反应速度、烷基化反应釜内温度和压力、烷基化反应釜内搅拌速率、反应物料的流量及配比等。并检查反应物料的紧急切断系统、紧急冷却系统、安全泄放系统、可燃和有毒气体检测报警装置等是否齐备、有效。

15.1.3   反应设备安全性检查

15.1.3.1   反应装置

注意检查烷基化反应釜、阀门和不锈钢管道是否存在泄漏、磨损、老化等问题，检查接头处是否松动，确认压力表是否正常，反应前进行气密性检查。反应釜配置的压力表量程应超过反应压力的 1.5 倍以上。检查管路是否有裂纹，是否畅通，是否漏气。注意不得使泄爆口与压力表同处在一个方向，避免操作人读取压力数值时存在安全隐患。将烷基化反应釜内温度和压力与釜内搅拌、烷基化物料流量、烷基化反应釜冷却水阀形成联锁关系，当烷基化反应釜内温度超标或搅拌系统发生故障时，停止加料并立即停止实验，并进行降温处理。

15.1.3.2 温度控制与搅拌装置

检查温度控制仪、热电偶、温度计等是否温度指示正常，注意将热电偶插到底部，尽量避免弯折，提高使用寿命。

注意检查磁力搅拌器和磁子是否正常。对于高温烷基化反应，普通磁子容易消磁，需要使用特定磁子。

15.1.3.3 反应压力控制与泄压防爆装置

注意在反应釜管路上加单向阀、安全阀及紧急切断装置。反应釜应安装防爆片，不得让爆破片长期在高于设计压力 2/3 下使用。防爆片方向不可以对着操作者或旁人。

随时观察并注意低压系统压力变化，以避免高压气体窜入低压系统引起物理爆炸。若发现低压系统压力突然升高，而原因不明时，应立即停止反应。经常检查反应装置的运转、密封、润滑情况，如发现撞击、震动、大量泄漏等异常现象，应及时处理，避免高压气体冲击发生着火和爆炸。当反应中产生大量自由基时，或者使用高活性催化剂，烷基化反应将迅速放热，导致压力迅速升高，温度难以控制，产生安全隐患。当反应体系有气体产生，导致压力急剧升高，超出反应釜压力承受范围。注意谨慎选择并严格控制反应温度，避免压力不可控情况发生。

15.2 烷基化反应安全操作注意事项

15.2.1 药品使用及玻璃仪器操作

使用药品试剂时，注意做好防护措施，佩戴防护眼镜、手套、面罩或口罩等，严格注意避免接触皮肤。对于碎裂瑕疵的玻璃仪器不得抽真空，以防止碎裂。对于常压使用的玻璃仪器，如发现明显的裂痕，可能造成威胁，应丢弃。黏合的玻璃器皿应小心用加热、超声、敲击等方式让其松动，不宜强行拧开或用强力敲开，防止碎裂，造成实验人员受伤。大型玻璃仪器使用前应先检查玻璃的完整性，抽真空应事先做好防护措施，防止碎裂引起伤害事故。反应后，应彻底清洗玻璃仪器，不得将残余的催化剂随手乱扔。玻璃仪器存在碎裂爆炸等安全隐患，尤其当烷基化反应剧烈时，必须拉下通风橱，佩戴护目镜，避免直接面对玻璃反应仪器观察实验。例如，三氯化铝是忌湿物品，有强烈的腐蚀性，遇水或水蒸气分解放热，放出氯化氢气体，有时能引起爆炸，若接触可燃物，则易着火；三氯化磷是腐蚀性忌湿液体，遇水或乙醇剧烈分解，放出大量的热和氯化氢气体，有极强的腐蚀性和刺激性，有毒，遇水及酸（主要是硝酸、醋酸）发热、冒烟，有发生起火爆炸的危险。

15.2.2　高压釜烷基化反应操作

投料时，注意移液管或移液枪不要接触釜口，使得物料损失；物料总体积不得超过反应釜体积的2/3。投入催化剂后，称量用纸不得随意丢弃，特别是高活性催化剂易引发燃烧等安全事故。

密封反应釜时，依次放入垫片和螺丝，先用手拧螺丝，再用扳手对角、分次地拧紧螺丝，避免受力不均损伤螺丝与釜的密封面，产生漏气隐患。打开反应釜时，依照相同原则，对角、分次地拧松螺丝。注意始终避免釜盖和釜体的密封环发生碰撞，损坏密封面，导致密封不严。

反应开始阶段，由于烷基化反应通常为放热反应，可能导致温度迅速升高，此时注意控制反应温度和压力，釜内的搅拌速率。尤其是大型反应釜，应配置降温系统，及时、快速移走反应产生的热量，避免温度飙升，达到安全目的。

反应过程中，注意观察压力读数时，不能靠近泄压阀或防爆片端。

反应结束，将反应釜冷却到室温，在通风橱中缓慢打开出气阀门，放掉反应气。注意出气阀门不得对准自己或者旁人。注意不得在未完成降温的情况下，排放气体。如果反应产生有毒有害气体，必须通过气体吸收装置进行处理。

分析完，反应液倒入废液桶，应注意不能与废液桶中其他废液发生剧烈反应，以免引起爆炸或燃烧事故。

及时清洗反应釜，注意避免将水或洗涤液体流入表头或加热装置内，防止表头和电路损坏。注意保护密封面，避免用刷子、钢丝球、去污粉等清洗釜盖和釜体的密封环，避免划痕，防止损坏漏气。清洗干净后，干燥，放置待用。

16 活泼金属使用及轻金属电池安全

16.1 活泼金属及轻金属电池常识

16.1.1 活泼金属

定义：元素周期表中排在氢前的金属元素均称其为活泼金属。具体包括：

（1）碱金属和碱土金属：锂 Li、钠 Na、钾 K、铷 Rb、铯 Cs、镁 Mg、钙 Ca、锶 Sr、钡 Ba、镭 Ra。

（2）过渡金属和主族金属：锰 Mn、锌 Zn、铬 Cr、铁 Fe、钴 Co、镍 Ni、锡 Sn、铅 Pb。

（3）镧系和锕系金属：Ac、La、Ce、Pr、Nd、Pm、Sm、Eu、Gd、Tb、Y、Am、Dy、Ho、Er、Tm、Yb、Lu。

16.1.2 轻金属电池

定义：使用轻金属如锂 Li、钠 Na、镁 Mg、铝 Al 为负极的电池，称其为轻金属电池。其中根据电解质种类不同，可以分为：

（1）有机电解液体系轻金属电池：锂金属和钠金属电池。

（2）非有机电解液体系轻金属电池：镁金属和铝金属电池。

16.2 危险活泼金属安全使用和管理及防护措施

16.2.1 购买

购买：

（1）各部门应选择具有资质的活泼金属经营单位、生产单位采购活泼金属，由于活泼金属也归属于危险化学品，因此需要查验供货单位危险化学品经营许可证、危险化学品安全生产许可证及许可经营范围。

（2）锂、钾等活泼金属还属于易制爆化学品，购买前应填写《易制爆化学品购买备案表》，由安全管理部门在公安网上备案，公安局批准后方可购买。

（3）各部门应对采购的活泼碱金属及碱土金属的包装、标识和容器进行验收，确保活泼金属的包装完好，可以安全存放。

16.2.2 储存

储存：

（1）各部门应对活泼碱金属严格按照产品说明书要求进行存储，并且安全摆放于药品柜中，此外，需要保证其避光存放。

（2）活泼金属如钾、钠和镁等需要远离酸进行存放。

（3）活泼金属存放过程时，相互混合可能引起相互污染、燃烧或爆炸的，必须按照每种活泼金属的保存条件分类、分区隔离存放。

（4）钠性质活泼，暴露在空气中，表面覆盖一层氧化钠，出现变暗现象，使它失去金属光泽，因此金属钠应保存在煤油或液体石蜡中，以防止氧化。

（5）钾的化学性质比钠还要活泼，暴露在空气中，表面覆盖一层氧化钾和碳酸钾，使它失去金属光泽，因此金属钾应保存在煤油中以防止氧化。

（6）碱土金属的活泼性虽然比碱金属弱，但是其也会在空气中被氧化，因而碱土金属也不得存放在空气中，需要将其存放在煤油中避免其氧化或发生其他危险。

16.2.3 使用

使用：

（1）各部门应指定专人负责危险活泼金属的管理，实行建档管理，并全面负责其安全。

（2）锂金属对空气的湿度敏感，不得在潮湿环境中进行使用，应确保锂金属的使用环境干燥，防止锂金属与空气中的水反应，放出氢气引起危险。

（3）将金属钠从煤油中取出使用时，不得将金属钠与水接触，并且不得将钠与含活泼氢的物质接触，取用过程操作要快速，建议取用过程在惰性气氛中进行操作。

（4）钾在空气中加热就会燃烧，它在有限量氧气中加热，生成氧化钾。钾与水的反应非常猛烈，应小心避免沾水。

（5）碱土金属与水反应，会生成对应的碱和氢气，使用过程中应严格控制碱土金属与水的接触。

（6）使用活泼金属过程中，操作人员要带好胶皮手套，穿戴防护服、护目镜，做好个人安全防护。

16.2.4 其他预防措施

危险活泼金属的预防措施还有：

（1）活泼金属为易燃固体，如果发生着火，禁止使用泡沫灭火器或水进行灭火，需使用干燥等的沙土或活泼金属专用灭火器进行灭火。

（2）如果实验室中发生活泼金属燃烧，除了进行有效的灭火操作外，还需要对实验室进行及时通风，防止易燃气体、有毒气体等在实验室的富集，引起次生危害。

16.2.5 废弃金属处置

废弃的活泼金属，必须保存在符合规定的包装容器内，保证运输过程中包装的安全可靠，提前告知危险废物处置公司并将其交予危险废物处置公司由其代理进行处理；不得在实验室自行处理废弃活泼金属。

16.3 轻金属电池安全管理及防护措施

存放：

（1）对于轻金属电池，存储条件要求环境气氛干燥，避免潮湿等不利环境，确保实验室存放电池的环境安全可靠。

（2）轻金属电池的负极通常为活泼金属或较活泼的金属，为了保障电池在存放过程中安全可靠，要确保制备的电池的包装结构完整，不得存在漏液等潜在隐患。

（3）电池不得靠近热源和具有腐蚀性的危险化学品附近。

测试安全：

电池测试过程中，需要保证电池处于安全环境中；不得将电池置于开放且无安全保护措施的环境进行测试。

废弃电池处理：

（1）废弃的电池需要由收废液的危险废物处置公司进行统一处理，不得在实验室自行处理。

（2）实验室内不得存放过多的废弃电池，需要定期处理。

16.4 典型危险活泼金属安全操作规程及注意事项

金属钠是一种典型的活泼金属，同时也属于易制爆化学品。金属钠在化学化工实验室中有着广泛的应用，包括制备钠离子电池材料，配制腐蚀液，进行电化学反应和用于脱水等，为此制定金属钠操作规程及安全注意事项，使用其他活泼金属时也应采取相应的安全措施。

金属钠操作规程：

（1）使用前准备一个金属托盘、滤纸、镊子、剪刀、一个装有部分无水乙醇的烧杯和一个装有部分正己烷的烧杯。

（2）为了防止钠屑洒落到实验台面，所有操作在金属托盘上进行。

（3）镊子夹取一小块金属钠，用滤纸吸干金属钠表面的煤油或液体石蜡，然后将该金属钠放入到预先准备好的正己烷中将金属钠表面的煤油或液体石蜡清洗干净。

（4）用镊子将金属钠从正己烷中夹取出来，滤纸吸干金属钠表面的正己烷，用剪刀快速剪切金属钠，并将剪切好的金属钠快速放入预先已进行氮气保护的反应瓶中。

（5）剪切结束后，将剩余的金属钠放回煤油或液体石蜡中。

（6）将使用过的滤纸放入盛装无水乙醇的烧杯中，如果金属托盘上洒落有钠屑，用镊子将金属钠屑转移至盛装无水乙醇的烧杯中。往盛装正己烷的烧杯中倒入部分无水乙醇以淬灭其中残留的金属钠。

（7）将镊子和剪刀浸润到无水乙醇中以除去表面残留的金属钠。

（8）最后，将盛装正己烷或无水乙醇的烧杯放到通风橱中。

金属钠安全注意事项：

（1）金属钠的使用在通风橱中进行。

（2）实验台面周围需清空，不能放置易燃易爆物品。

（3）使用金属钠时注意空气湿度，遇到下雨等潮湿天气尽量不要使用。

17 催化剂中试放大操作安全注意事项

催化剂是化工工艺过程的技术核心，绝大多数化工生产过程均采用催化工艺技术。催化剂中试放大是催化剂实验室技术转化为工业化批量生产的必经环节。

本章介绍根据催化剂中试放大工艺技术特点编制的催化剂中试放大操作安全注意事项。

17.1 浸渍法催化剂制备工艺

17.1.1 浸渍法催化剂制备工艺简述

称量焙烧后的颗粒状催化剂载体，加入浸渍罐，根据工艺要求，进行真空负压处理；在调配罐内加入定量纯化水，升温后逐步加入活性金属组分原料，配制成浸渍溶液；将浸渍溶液按照一定液固比负压吸入浸渍罐，浸渍工艺结束后采用特定工艺实现固液分离，制备得到催化剂。也可进行多次浸渍以获得需要的浸渍量。

17.1.2 浸渍法催化剂制备工艺主要设备

浸渍法催化剂制备工艺中涉及主要设备有：浸渍罐、调配罐、振动干燥机、高温网带炉等。

17.1.3 浸渍法催化剂制备工艺操作安全注意事项

浸渍法催化剂制备工艺操作安全注意事项有：

（1）浸渍罐和调配罐均属压力容器，使用前必须办理特种设备相关手续，人员上岗前应该取得特种设备作业人员从业资格证，持证上岗，在使用浸渍罐和调配罐投料、负压抽真空、浸渍溶液配制等岗位操作时必须严格遵守压力容器反应釜设备使用操作规程。

（2）浸渍溶液多为重金属化合物，具有较强的酸碱性，操作时容易接触到面部和皮肤，所以操作前必须佩戴防护面罩、防护眼镜等防护品，有条件时可以穿戴防护服。

（3）浸渍溶液为贵金属化合物组分时，更需要考虑操作设备的密闭性，采取严密的保障措施，严防贵金属溶液跑、冒、滴、漏等现象的发生，以免造成严重的经济损失。

（4）浸渍后湿状颗粒物料，进入振动干燥机干燥操作前或生产结束，必须对设备内部进行彻底清理，清理时，必须切断振动电机电源，以防触电事故发生。

（5）振动干燥机采用导热油热源，导热油温度高达200℃，操作人员必须佩戴高温防护手套，防止发生烫伤事故。

（6）使用高温网带炉活化或焙烧催化剂成品时，设备内部温度高达500～800℃，出料温度高于100℃，操作人员必须佩戴高温防护手套和防护面罩等，防止发生灼烫事故。

（7）高温网带炉传动部分由传动电机控制传送速度，有时可能跑偏，纠偏时严禁徒手操作，因为徒手操作会存在安全隐患因素，应佩戴手套，使用专用工具按照操作规程认真操作。

（8）高温网带炉为电加热设备，总功率为550kW，设备中电热元件较多，操作人员在使用、维护、保养和检修等环节，需要谨慎操作，避免发生触电事故。

17.2 沉淀法催化剂制备工艺

17.2.1 沉淀法催化剂制备工艺简述

将各种反应物配制成工作溶液，在一定温度、酸度、压力等工艺条件下，按照设定程序投料，逐步生成沉淀；再将沉淀老化、陈化或二次沉淀；利用管道泵将浆状沉淀物由管道泵打入带式过滤机进行过滤、洗涤或离子交换处理，得到滤饼；滤饼产物经闪蒸干燥机快速干燥，最终产品为干燥粉体。

17.2.2 沉淀法催化剂制备工艺主要设备

沉淀法催化剂制备工艺主要设备包括：沉淀反应釜、真空带式过滤机、闪蒸干燥机等。

17.2.3 沉淀法催化剂制备工艺操作安全注意事项

沉淀法催化剂制备工艺操作安全注意事项有：

（1）沉淀反应釜属压力容器，使用前必须办理特种设备相关手续，人员上岗前应该取得特种设备作业人员从业资格证、持证上岗，使用沉淀反应釜进行投料、老化、取样等操作时必须严格遵守压力容器反应釜设备使用规程。

（2）沉淀反应物料多为重金属化合物、强酸、强碱，投料及升温操作时容易喷溅到皮肤、面部，要求佩戴防护面罩，穿戴防护服才能进行上岗操作。

（3）使用真空带式过滤机时，设备通电时禁止打开电控箱触摸端子或电机接线盒，以防引起触电；禁止将手伸入滤带之间整理滤布，否则会造成机械损伤；在冲洗滤布和滤带时，禁止水溅到电器元件上。

（4）为了避免真空带式过滤机受损，当滤布偏心大于 20mm 或传动电机声音异常时，必须紧急停机并及时进行故障处理。

（5）闪蒸干燥机一般采用导热油或电热作为热源，电热功率为 150kW，导热油温度高达 200℃左右。操作设备要同时存在触电和灼烫事故安全隐患，操作人员佩戴高温防护、绝缘手套操作设备。

（6）闪蒸干燥岗位产品为粉体，粒度为 0.04～0.15mm（100～400 目），操作空间粉尘较多，成分为氧化硅、氧化铝及金属氧化物，做好粉尘防护，否则存在矽肺等职业病的安全隐患。

17.3　挤条法催化剂制备工艺

17.3.1　挤条法催化剂制备工艺简述

首先在小型配制罐内配制挤条过程所需硝酸稀溶液或浆状黏结剂；将各种粉体原料称重后投入锥混机进行干混配料；将干混后物料加入混捏机，逐步添加硝酸稀溶液或浆状黏结剂，控制含水量，使物料达到挤条要求；配置挤条机模具孔板，混捏后的物料进入挤条机，高压挤出为湿条，湿条在挤条机出口处被转刀快速切断成短条；短条落入带式干燥机干燥处理，过筛后形成产品。

17.3.2　挤条法催化剂制备工艺主要设备

挤条法催化剂制备工艺主要设备包括：配制罐、混捏机、挤条机、带式干燥机、立式活化炉等。

17.3.3　挤条法催化剂制备工艺操作安全注意事项

挤条法催化剂制备工艺操作安全注意事项有：

（1）配制硝酸或黏结剂时，采用常压配制罐，硝酸是腐蚀性极强的无机酸，同时挥发性较强，必须佩戴防护面罩和口罩，穿戴防护服，绝不能接触到皮肤、面部。如果发生事故，必须第一时间到附近洗眼器紧急冲洗。

（2）混捏机属于常规转动机械设备，需按照操作规程认真操作，高功率电机转动工作期间身体部位严禁伸入容器内，严禁碰触转动部件；设备检修、维护时必须切断电源；岗位工作期间粉尘较大，要求做好职业病防护。

（3）挤条机是催化剂成型工艺的核心设备，使用时操作较为复杂，需根据物料性质及时调整操作参数，否则可能产生不合格产品；为保证设备使用寿命，严禁超负荷使用设备；严禁电机工作时将手伸入喂料机加料斗内，消除肢体伤害；严禁碰触转动部件。

（4）带式干燥机采用导热油作为热源，导热油温度高，若发生泄漏，势必烫伤现场操作人员，防护手套等防护措施一定到位；三层传送带在纠偏维护时，要求在切断电源情况下使用专用工具正确操作；配套机前切条机刀锋犀利，工作状态严禁碰触。

（5）使用立式活化炉焙烧产品时，设备启动升温后，严禁操作人员用手触摸设备本体及管阀件等部位，防止灼烫事故发生；物料加入立式活化炉前应尽可能进行筛分处理，把粉体物料分离，防止活化炉内堵塞，气压调节要先小后大，慢慢进行，防止发生喷溅；出料时，需要注意物料温度，操作时带好防护器材，防止物料飞溅，防止物料烫伤；设备停止工作时，必须关闭电源控制柜、动力柜电源，立式活化炉内清理干净，关闭的设备和电源对应的开关位置需要悬挂设备停用、不可送电的标志，以确保安全。

18 流化床反应器操作安全注意事项

流化床反应器是一种利用气体或液体通过颗粒状固体层而使固体颗粒处于悬浮运动状态，并进行气固相反应过程或液固相反应过程的反应器。甲醇制烯烃中试装置是研究甲醇制烯烃技术工艺和关键设备开发的中试装置，也是一种典型的气固流化床反应装置，本章以甲醇制烯烃中试装置为代表，介绍流化床反应器操作安全注意事项。

18.1 实验前期准备工作

18.1.1 理论知识的了解

流化床反应装置的核心设备是流化床反应器和流化床再生器。开展实验前需了解流态化相关的理论知识，了解实验中使用的各种原料和介质的物化性质，了解反应过程的特性。

18.1.2 实验设备的安全性检查

开展实验前要检查并确认装置区域是否存在杂物，安全通道是否通畅。检查并确认装置的气密性，以避免有毒、有害气体泄漏，检查并确认加热系统和冷却系统是否正常工作。启动控制系统，检查并确认系统的压力报警、温度报警、安全联锁设置是否正确，检查并确认气体报警器是否正常工作。检查并确认电路、防止电气设备和电路老化漏电伤人。

18.2 流化床反应器操作安全注意事项

18.2.1 开车准备

为了避免意外伤害，工作人员进入装置区必须佩戴安全帽。开车前，需检查并确认水、电、汽（气）符合开车要求，各种原料、材料的供应必须齐备、合格，检查阀门开闭状态及盲板抽加情况，保证装置流程畅通，各种机电设备及电气仪表等均应处在完好状态。保温、保压及洗净的设备要符合开车要求，必要时应重新置换、清洗和分析，使之合格。

催化剂装填前，需用空气置换反应器中的气体，确认反应器的温度小于40℃，系统压力不大于大气压后，才可开始催化剂装填，催化剂装填人员必须佩戴口罩。更换催化剂时，需采用惰性剂清洗反应器，一般需要清洗 3 次，每次清洗反应器所需的惰性剂（或新催化剂）量应大于正常装填量的 20%，每次清洗之后都需采用气体吹扫反应器，清洗 3 次之后方可装填新催化剂。

开车过程中要加强有关岗位之间的联络，严格按开车方案中的步骤进行，严格遵守升降温、升降压和加减负荷的幅度（速率）要求。

开车前用氮气置换反应器中的空气，并以氮气为流化气体，让催化剂在反应器中处于流态化。

开车过程中要严密注意工艺变化和设备运行情况，发现异常现象应及时处理，情况紧急时应中止开车，严禁强行开车。

18.2.2　试验过程

进料之前，需要检查并确认反应器和再生器的温度是否稳定，加热电炉是否正常工作，检查并确认反应器和再生器中的催化剂藏量是否处于正常范围，催化剂藏量是否稳定，检查并确认催化剂循环量是否处于正常范围，控制曲线是否稳定，检查并确认各种气体压力是否处于正常范围，检查并确认气体和液体流量是否处于正常范围，检查并确认反应器和再生器的压力是否稳定，压力调节阀是否正常工作。

确定温度、压力、流量、藏量等系统参数处于正常范围之后，打开进料阀，启动计量泵，为了避免压力波动，流量需由小至大逐步提高至试验流量，与此同时，逐步切出反应器中的氮气，将气体速度控制于合理的范围。

反应温度异常升高时，首先需要检查加热装置是否正常，无法确定原因并判断是否存在安全隐患时，为了避免泄漏、爆炸等安全事件的发生，需切断进料，采用氮气置换反应器中的气体。

反应压力异常变动时，首先需要检查调压阀是否正常，无法确定原因并判断是否存在安全隐患时，为了避免泄漏、爆炸等安全事件的发生，需切断进料，采用氮气置换反应器中的气体，并逐步降低系统压力。

液体取样时，为避免中毒，操作人员需佩戴橡胶手套和防毒面具，身体不可处于取样口前方，有气体连续排出时，必须立即关闭取样阀；催化剂取样时，为了避免烫伤，操作人员需佩戴劳保手套，身体不可处于取样口前方，用手握住取样阀阀柄，有气体连续排出时，必须立即关闭取样阀。设备排液时，为避免中毒，操作人员需佩戴橡胶手套，身体不可处于排液口前方，排液口必须固定，以免液体飞溅，有气体连续排出时，必须立即关闭排液阀。

18.2.3　安全停车

正常停车必须按停车方案中的步骤进行，用于紧急处理的自动停车联锁装置不应用于正常停车。

停车前首先需要检查用于置换的氮气压力和流量是否处于正常范围，停止进料后，需采用氮气置换反应器中的气体，随后逐步降压、降温。系统降压、降温必须按要求的幅度（速率）并按先高压后低压的顺序进行。氮气置换时间一般需要大于10min。凡需保压、保温的设备（容器）等，停车后要按时记录压力、温度的变化。

设备（容器）泄压时，要注意易燃、易爆、易中毒等化学危险物品的排放和散发，防止造成事故。泄压操作应缓慢进行，在压力未泄尽之前，不得拆动。

当系统压力降低至接近常压后，才可逐步切断流化气体，关闭控制系统以及电源。

19　固定床反应器操作安全注意事项

　　固定床反应器是研究多相催化的经典反应装置，可实现气固、液固两相或气液固三相反应。在石油炼制工业、合成氨工业以及大宗化工原料的进一步氧化或加氢工艺中有着广泛的应用。

19.1　实验前期准备工作

19.1.1　理论知识的了解

　　应充分了解此次进行的反应的性质，例如是吸热反应还是放热反应，可能发生的副反应有哪些，操作温度和操作压力是否在设备允许范围之内，如出现温度压力的异常波动该如何处置。应充分了解反应所涉及的催化剂、反应物、产物等的物化性质，例如催化剂是否是活泼的贵金属催化剂，反应前是否需要预处理，反应物或产物中是否含有毒有害气体，是否含易燃易爆物质，在空气和氧气中的爆炸极限分别是多少，如发生泄漏该如何处理，反应的尾气如何处理等。

19.1.2　实验设备的安全性检查

　　反应设备应置于通风良好的房间中，周围不得堆砌杂物，特别是易燃物品。设备所连管线及钢瓶应合理固定，并与热源保持安全距离。钢瓶的阀门最好专瓶专用，对于氧气钢瓶，必须使用专用的氧气钢瓶阀门，且不得将其用于其他气体钢瓶。闲置的管路接头应做好防尘处理。定期对全过程涉及的装置的气密性进行检测，对房屋内部的气体报警器也要定期检测。检查连接设备和钢瓶的压力表是否正常，各处的热偶是否工作正常、是否处于固定的正确位置。正式开始实验前应对反应的流量计进行校正，实际操作以校正后的流量为准。为设备供电的插座应标识明确，并注意使用功率，使用前检查电线的外皮是否完好。设备的外装置应接地，防止设备的电路老化漏电伤人。

19.2　固定床反应器操作安全注意事项

19.2.1　催化剂的装填操作注意事项

　　首先根据催化剂的性质及反应的操作条件，将催化剂成型为具有一定强度和粒径的颗粒。成型的催化剂强度过低会导致反应过程中粉化严重，粉化严重的催化剂会造成装置中催化剂前端部分压力升高，如果反应产生大量气体，会有压力超过固定床安全压力的危险，因此应特别注意装置前端压力表示数，如若过高，应停止进料，卸除压力，倒出粉化后催化剂，重新成型实验。粒径过小会导致床层压降过大，太大则可能产生沟流。合理的管径比约为 6~12。而催化剂床层高度应超过直径的 2.5~3 倍，但需注意催化剂高度不应超过加热器的恒温区高度。催化剂装填时应小心保证装填均匀，防止沟流偏流等现象，影响实验结果的准确性。如催化剂量较少，或为了防止床层过热等原因，催化剂需要稀释时，可按一定比例与石英砂混合装填。

19.2.2　装置开车操作注意事项

开车前检查反应器内部是否清洁，反应器内壁常见污染物为上一次反应残存的积炭。如积炭量过多，应用空气焙烧反应器除去。注意催化剂支撑网格下方有无散落的催化剂粉末或小颗粒。固定床反应器的气密性是保障反应安全的重要指标，应予注意。对于常压反应，应在开始升温前观察固定床反应器出口气体流量是否等于进料气体流量。对于加压反应，应当检查压力表示数是否满足实验条件。开车时应缓慢升温升压，以免飞温现象的发生，影响催化剂的评价，甚至引发安全事故。根据不同的反应要求，注意初始进料的组分配比，例如氢含量、氧含量，以及易燃易爆组分的含量要控制在合理范围。

19.2.3　反应过程监测中的注意事项

反应过程中要对反应的参数进行实时监测，每隔一定时间记录反应的温度、压力、进料流量及配比，及时对反应产物取样分析，了解内部反应发生的情况。如果是带压反应需要提前检查好背压阀门是否完好，调节好背压压力，并同时检查卸荷阀是否完好，爆破装置是否完好。

19.2.4　反应结束后的注意事项

反应结束后，停止进料，应用含少量氧气的氮气对催化剂进行钝化处理，关闭加热装置，然后用载气吹扫缓慢降温至室温，反应系统带压力时，应关闭载气，调节背压阀门，将压力释放至与大气压相等后再卸出催化剂，卸出催化剂应妥善处理，防止催化剂在空气中放热引发火灾。注意清理固定床内部，保持清洁以备下次使用。检查各个气路的阀门是否关闭，切断电源。

20　安全风险和事故隐患辨识

安全风险分析是从周边环境、自然条件、生产系统等方面查找研究所科研生产过程中产生能量的能量源或拥有能量的能量载体，确定危险有害因素存在的部位、存在方式并予以准确描述。通过风险分析确定可能发生事故类别；通过安全风险分析可以提高研究所安全管理水平，及时发现科研生产中存在的安全风险和隐患，制定针对性防范和处置措施，提高科研工作安全可靠性，切实保障安全生产的重要手段。

《企业职工伤亡事故分类》（GB 6441—1986）是安全生产管理的基础标准，它将企业职工伤亡事故分为物体打击、车辆伤害、机械伤害、起重伤害、触电、淹溺、灼烫、火灾、高处坠落、坍塌、冒顶片帮、透水、放炮、火药爆炸、瓦斯爆炸、锅炉爆炸、容器爆炸、其他爆炸、中毒和窒息、其他伤害共 20 个类别。风险分析具体操作中，研究所可根据本单位行业类型、设备设施情况、工艺情况开展全面的风险分析。

经过对典型高校和科研院所科研生产过程中的风险辨识、分析与评估，高校和科研院所存在或可能发生的事故风险有：火灾、爆炸、中毒和窒息、灼烫、触电、机械伤害、车辆伤害、起重伤害、高处坠落和其他伤害事故等，事故原因分析见表 20-1。

表 20-1　事故原因分析

事故类别	常见起因物/致害物	物的不安全状态	人的不安全行为
物体打击	1. 建筑物及构筑物附件。 2. 高处工作面上的物体（成品、半成品、材料、工具和生产用品等）。 3. 机械设备上的零部件、工件。 4. 钢板、钢筋等料。 5. 气瓶等重物	1. 建筑物及构筑物失修，窗户、瓷砖等附件脱落。 2. 物体放置不当、钢平台无踢脚板。 3. 设备、设施、工具、附件有缺陷。 4. 钢板、钢筋等物料由于应力释放，跳起伤人。 5. 气瓶搬运时未使用专用车、直立使用时未设防倒链。	1. 工件紧固不牢。 2. 搬动物料时未采取防护措施。 3. 在必须使用个人防护用品用具（如安全帽、安全鞋、护目镜等）的作业或场合中，忽视其使用

事故类别	常见起因物/致害物	物的不安全状态	人的不安全行为
物体打击		6. 反应器皿（含玻璃器皿）爆裂、碎片飞出。 7. 无个人防护用品、用具或所用的防护用品、用具不符合安全要求	
车辆伤害	叉车、工程车辆	1. 车辆保养不当、设备失灵（如制动装置有缺欠）。 2. 通道不畅、作业空间狭窄、车速过快、转弯过急、司机视线不佳、车况不好、无鸣笛警示。 3. 交通线路的配置不安全。 4. 雨天、雾天，以及有霜、雪天，路面湿滑，或夜间作业由于照明不足、光线不佳	1. 无证驾驶。 2. 违章驾驶（超速、超装等）。 3. 酒后作业。 4. 客货混载。 5. 行经路口及有行人的区域未及时瞭望。 6. 乘员攀、坐不安全位置
机械伤害	球磨机、砂轮机、台钻、雕刻机器、搅拌机、送料装置、粉碎机械、压辊机、筛选、分离机、皮带传送机、金属切削机床、机泵、动力传送机构、齿轮、飞轮、螺栓、销、绞轮、轴及电动工具	1. 设备、设施、工具、附件有缺陷。 2. 机械设备转动、运动部位无防护罩。 3. 防护罩未在适当位置或防护装置调整不当。 4. 无安全连锁等安全保险装置。 5. 无护栏或护栏损坏。 6. 安全间距不够。 7. 工件有锋利毛刺、毛边。 8. 设施上有锋利倒棱。 9. 无个人防护用品、用具或所用的防护用品、用具不符合安全要求	1. 未经许可开动、关停设备。 2. 开动、关停机器时未给信号。 3. 开关未锁紧，造成意外转动、通电或泄漏等。 4. 忘记关闭设备。 5. 忽视警告。 6. 操作错误（指按钮、阀门、扳手、把柄等的操作）。 7. 冲压机作业时，手伸进冲压模。 8. 用手清除切屑。 9. 用压缩空气吹铁屑。 10. 用手代替手动工具。 11. 不用夹具固定、用手拿工件进行机加工。 12. 机器运转时加油、修理、检查、调整、焊扫、清扫等工作。 13. 在有旋转零部件的设备旁作业穿过肥大服装。 14. 操纵带有旋转零部件的设备时戴手套。 15. 在必须使用个人防护用品用具的作业或场合中，忽视其使用

续表 20-1

事故类别	常见起因物/致害物	物的不安全状态	人的不安全行为
起重伤害	桥式起重机、电动葫芦、电梯	1. 保养不当、设备失灵（限位损坏、钢丝绳断股等）。 2. 起吊重物的绳索不合安全要求。 3. 无个人防护用品、用具或所用的防护用品、用具不符合安全要求。 4. 电梯门系统有问题，发生剪切人。 5. 由于电梯的限速器和安全钳失效，电梯轿厢运行中失控坠入井道底部、礅底	1. 在起吊物下作业、停留。 2. 在必须使用个人防护用品用具的作业或场合中，忽视其使用。 3. 私自用钥匙或其他手段强行打开层门或乘坐人员没观察确认轿厢是否停靠在该层站，贸然进入而由层门坠入井道；电梯停运时，乘员在轿厢内扒门爬出
触电	母线、配电箱、照明设备、手持电动工具等电气设备	1. 低压电气设备防护不当、绝缘破损、老化，防护罩（盖）、插头（插座）、接头绝缘不良。 2. 电气设备外露的金属部分意外带电。 3. 手持电动工具，无可靠的防护措施。 4. 错误接线造成设备意外带电。 5. 电气未接地。 6. 电气装置带电部分裸露。 7. 绝缘强度不够	1. 湿手、单手插拔插头。 2. 乱接乱拉临时电线，违章用电。 3. 在必须使用个人防护用品用具的作业或场合中，忽视其使用
淹溺	供水水箱、消防水箱、污水处理水池、景观水塘等	护栏或护栏损坏	人员在水塘戏水
灼烫	硫酸、盐酸、氢氧化钠等腐蚀品，液氧、液氮、液氩、液氢低温液体等化学品，高温蒸气，各类加热设备（反应釜回转炉、马弗炉）高温表面，超低温冰箱	1. 盛装、输送腐蚀品的容器、管道泄漏。 2. 低温液化气体喷出、溅出。 3. 高温设备外表面无保温或保温破损。 4. 无个人防护用品。 5. 用具或所用的防护用品、用具不符合安全要求	在必须使用个人防护用品用具的作业或场合中，忽视其使用

续表 20-1

事故类别	常见起因物/致害物	物的不安全状态	人的不安全行为
火灾	1. 甲醇、乙醇、汽油等易燃液体, 硫黄等易燃固体。 2. 金属钠等活泼金属。 3. 油浴、机泵、加热带等电气。 4. 建（构）筑物	1. 易燃液体泄漏、易燃固体、遇湿自燃物品遇湿。 2. 活泼金属保管不当。 3. 电加热设备温控系统失效。 4. 洗衣机。 5. 装修改造中未设置烟感报警等安全设施	1. 易燃易爆场合违规使用明火（含焊接、切割）。 2. 禁烟区吸烟。 3. 使用油浴时擅离职守, 使用加热带等加热设备时程序设置错误。 4. 使用烘箱处置易燃物品。 5. 用洗衣机清洗沾染有机溶剂的衣物。 6. 对易燃、易爆等危险物品处理错误。 7. 堵塞消防通道
高处坠落	高处工作面（钢平台等）、斜梯、直梯等, 坑、垂直通道	1. 钢平台无护栏或护栏损坏。 2. 坑、垂直通道未加盖板或安全标志。 3. 无个人防护用品。 4. 用具或所用的防护用品、用具不符合安全要求	在必须使用个人防护用品用具（安全带、安全帽等）的作业或场合中, 忽视其使用
坍塌	建筑物及构筑物、货物堆垛	1. 货架机械强度不够。 2. 堆垛过高	驾驶车辆撞击货架
锅炉爆炸	蒸汽发生器、燃气锅炉及安全阀等	1. 蒸汽发生器容纳水及水蒸气的容器破裂。 2. 安全阀、压力表不齐全、损坏或装设错误。 3. 锅炉主要承压部件承受的压力超过其承载能力而发生爆炸。 4. 给严重缺水的锅炉上水, 导致爆炸事故	1. 拆除了安全装置。 2. 安全装置堵塞, 失掉了作用。 3. 调整的错误造成安全装置失效
容器爆炸	压力容器（含气瓶、灭菌锅等）、压力管道及安全阀等	1. 设备质量低劣, 设计强度不够、设计形式不符合要求、选择腐蚀及磨损系数不准确, 焊接质量低劣造成爆炸	1. 拆除了安全装置。 2. 安全装置堵塞, 失掉了作用。 3. 调整的错误造成安全装置失效

事故类别	常见起因物/致害物	物的不安全状态	人的不安全行为
容器爆炸	压力容器（含气瓶、灭菌锅等）、压力管道及安全阀等	2. 气瓶暴晒、混充混装（氢气瓶充氧、氧气瓶混入乙炔等可燃气体、二氧化碳气瓶冒充氧气瓶充装氧气）、违规改装气瓶、氧气遇油、气瓶超期、气瓶腐蚀。 3. 灭菌锅无开盖安全连锁。 4. 安全阀、压力表等安全附件失效导致设备超压爆炸。 5. 保养不当、设备失灵	4. 使用易燃气体时动用烟火。 5. 野蛮装卸。 6. 使用气瓶不使用减压器、不留余压。 7. 对气瓶进行加热。 8. 使用易燃气体开阀过快
其他爆炸	甲醇、汽油等煤、石油产品；氢气、甲烷等易燃气体；金属化合物；过氧化氢等氧化剂和有机过氧化物	1. 无防溢流设施。 2. 无静电防护措施。 3. 电线、电缆短路、过载、电阻过大，爆炸危险区域内未按照规定选用。 4. 防爆型电气设备。 5. 无通风装置。 6. 无报警装置。 7. 无冷却装置	1. 易燃易爆场合违规使用明火（含焊接、切割）。 2. 禁烟区吸烟。 3. 对易燃、易爆等危险物品处理错误
中毒和窒息	苯酚等毒害品；氰化钠、氯化汞、叠氮钠等剧毒化学品；氯气、氟气、硫化氢、一氧化碳等有毒气体；氮气、氩气等窒息性气体	1. 无通风或通风不良。 2. 无个人防护用品、用具或所用的防护用品、用具不符合安全要求。 3. 气瓶、气体管路等泄漏。 4. 试剂无标识。 5. 无报警装置	1. 未经允许贸然进入受限空间。 2. 在必须使用个人防护用品用具的作业或场合中，忽视其使用。 3. 恶意投毒、误服试剂。 4. 违规使用窒息性、毒性气体
其他伤害	跌伤、摔伤、撞伤	1. 地面不平。 2. 地面有油或其他液体。 3. 地面冰雪覆盖。 4. 地面有其他易滑物。 5. 照明光线不良。 6. 作业场所狭窄或作业场地杂乱	1. 奔跑作业。 2. 在必须使用个人防护用品用具的作业或场合中，忽视其使用

参 考 文 献

[1] 中华人民共和国住房和城乡建设部 . JGJ 91—2019《科研建筑设计标准》[S]. 北京：中国建筑工业出版社，2019.

[2] 国家安全生产监督管理总局 . GB/T 29639—2013《生产经营单位生产安全事故应急预案编制导则》[S]. 2013.

[3] 国务院 .《国务院关于进一步加强企业安全生产工作的通知》（国发［2010］23 号）[EB].

[4] 国务院 .《危险化学品安全管理条例》（国务院令第 591 号）[EB].

[5] 安全监管总局等十部 .《危险化学品目录（2015 版）》[EB].

[6] 公安部 . GA 1511—2018.《易制爆危险化学品储存场所治安防范要求》[S]. 2018.

[7] 中国科学院大连化学物理研究所 .《大连化物所安全管理制度汇编》（2019 年版）[G].

[8] 国家质量监督检验检疫总局 . TSG R0006—2014《气瓶安全技术监察规程》[S]. 2014.

[9] 国家质量监督检验检疫总局 . TSG 21—2016《固定式压力容器安全技术监察规程》[S]. 2016.

[10] 中华人民共和国住房和城乡建设部 . GB 50054—2011《低压配电设计规范》[S]. 2011.

[11] 国家质量监督检验检疫总局 . GB/T 30574—2014《机械安全 安全防护的实施准则》[S]. 2014.

[12] 住房和城乡建设部 . GB 50016—2014《建筑设计防火规范》（2018 年修订版）. 2018.

[13] 国家质量监督检验检疫总局 . GB 2894—2008《安全标志及其使用导则》[S]. 2008.

[14] 辽宁省环境保护局 . DB 21/1627—2008《辽宁省污水综合排放标准》[S]. 2008.